スッキリとける問題集

建設業経理士 2級

滝澤ななみ
TAC出版開発グループ

はしがき

着実に「解ける力」がつく問題集

建設業経理士2級試験に合格するには、100点満点で70点以上をとることが必要となってきます。そのためには、テキストの内容を理解するだけでなく、問題として問われたときに正しく解答を導き出す力が求められるでしょう。

この本は、簿記の基礎から始まって建設業経理、財務諸表まで論点別に問題を並べています。以下、「本書の特徴」でも述べているテキストも使い、インプット・アウトプットを繰り返していけば、きっと合格にも近づいていくはずです。

本書の特徴1　テキスト『スッキリわかる』に完全対応！

この本の「論点別問題編」の構成は、姉妹編となる『スッキリわかる建設業経理士2級』（テキスト）に完全対応しています。テキストでは理解できても、問題になると解けない…ということはよくあることです。2冊を効率的に活用し、問題への対応力を高めていってください。

本書の特徴2　過去問題3回分付き！

本試験は毎年度9月と3月に行われますが、この本では2024年3月試験からさかのぼって3回分の過去問題を載せてあります。本試験と同じく2時間を制限時間とし、学習の成果がどれだけ発揮できるか、ぜひ試してみてください。

また、最近の試験傾向をつかめたり、特徴のある解答用紙への記入にも慣れることができたりと、本試験に向けた格好のシミュレーションにもなるはずです。ご活用ください。

難しく感じることがあったとしても、繰り返しやテキストに戻っての理解によって、きっと合格への道が開けてくるはずです。

2024年5月

刊行にあたって

本書は、『'23年9月・'24年3月検定対策 スッキリとける問題集 建設業経理士2級』につき、過去問題編の問題を最新のものにして刊行いたしました。

本書の効果的な使い方

1.「論点別問題編」を順次解く！

『スッキリわかる建設業経理士2級』（テキスト）を一通り理解したら、本書の「**論点別問題編**」を**章別**に解いていきましょう。問題によっては、別冊内に解答用紙を用意しておりますので、ご利用ください。また、解答用紙は**ダウンロードサービス**もありますので、あわせてご利用ください。

2．間違えた問題は、テキストに戻って確認！

『スッキリわかる建設業経理士2級』（テキスト）と本書は**章構成が完全対応**していますので、間違えた問題はテキストに戻ってしっかりと復習しておきましょう。その後、改めて問題を解き直して、間違いの克服を行いましょう。

3．3回分の過去問題を解く！

本書の別冊には、**3回分の過去問題**を収載しています。時間（2時間）を計って、学習の総仕上げと本番のシミュレーションを行いましょう。

なお、過去問題の解答用紙についてもダウンロードサービスがありますので、苦手な問題などがある場合には、繰り返し解いてみることをおすすめします。

建設業経理士２級の出題傾向と対策

1. 配点

試験ごとに多少異なりますが、通常、次のような配点で出題されます。

第1問	第2問	第3問	第4問	第5問	合　計
20点	12点	14点	24点	30点	100点

なお、試験時間は2時間、合格基準は100点満点中70点以上となります。

2. 出題傾向と対策

第1問から第5問の出題傾向と対策は次のとおりです。

	出題傾向	対　策
第1問	第１問は仕訳問題が５題出題（1題４点）されます。	簿記や建設業経理の基本となる仕訳が問われます。試験では、使用できる勘定科目が問題文中で示されますので、その中から選択するようにしましょう。
第2問	第２問は文章中の金額を推定させる問題が出題されます。	本支店会計、工事進行基準など各論点の処理と流れについて、理解しているかが問われます。日常の学習からさまざまな論点にふれ、対応できるようになっておきましょう。
第3問	第３問は原価計算に関連した問題が出題されます。	費目別計算（材料費、労務費、工事間接費など）や部門別計算など、関連する論点について理解を深めておきましょう。問われるポイントが比較的決まっていますので、集中的に学習しましょう。
第4問	第４問は原価計算に関連した問題が出題されます。	個別原価計算にもとづいた勘定記入や、完成工事原価報告書あるいは原価計算表の作成が必要となります。また、原価計算に関連した理論問題（記号選択による用語解答）も出題されることもあります。
第5問	第５問は精算表の作成問題が出題されます。	数字が記入された残高試算表と、10項目程度の決算整理事項が問題・解答用紙に与えられ、それにもとづいて損益計算書、貸借対照表を埋めていき、精算表を完成させることになります。

※　建設業経理士2級の試験は毎年度9月・3月に行われています。試験の詳細につきましては、検定試験ホームページ（https://www.keiri-kentei.jp）でご確認ください。

出題論点分析一覧表

建設業経理士２級の第23回～第34回までに出題された論点は以下のとおりです。

第1問

論点	23	24	25	26	27	28	29	30	31	32	33	34
通貨代用証券												
現金過不足												
当座借越						●						
銀行勘定調整表												
手形の裏書き												
手形の割引き			●									
手形借入金・手形貸付金								●				
有価証券の購入						●			●		●	
有価証券の売却		●					●					●
有価証券の差入れ												
有価証券の期末評価				●	●							
固定資産の購入				●								
固定資産の売却		●						●				
固定資産の除却												
固定資産の交換										●		
建設仮勘定			●				●				●	●
改良と修繕	●				●				●			
繰延資産							●					
未成工事受入金												
貸倒れの発生	●			●	●							●
償却債権取立益										●		
完成工事補償引当金		●							●		●	
社債の発行	●											
株式の発行				●				●				
減資										●		
資本準備金の資本組入									●			●
剰余金の配当および処分		●			●		●				●	
合併・買収												
消費税	●							●				
法人税の納付										●		
のれんの償却						●						
仕入（売上）割引			●		●	●	●					
工事進行基準	●		●			●		●	●	●		●
工事完成基準		●										
材料の購入・戻入				●								
賃金の支払い			●									
訂正仕訳					●							

第2問

論点	23	24	25	26	27	28	29	30	31	32	33	34
銀行勘定調整表			●			●		●		●		●
手形貸付金（償却原価法）							●					
固定資産の取得原価推定												
固定資産の交換									●			
固定資産の売却	●				●					●		
減価償却（総合償却を含む）		●				●	●	●			●	
固定資産の滅失										●		
消費税				●					●			
有価証券の計算												
自己株式の買入消却												
買収時ののれんの処理			●									●
当座借越												
手形の分類												
賞与引当金											●	
社債の買入消却（償還）		●							●			
株式の発行	●											
設立時の資本金組入額												
剰余金の配当および処分				●								
未払法人税等												
工事進行基準		●		●	●		●				●	
材料の計算	●	●										
労務費の計算						●				●		●
材料評価損			●					●			●	
本支店会計	●			●	●	●		●	●			●
受取利息の計算			●									
一年基準												
費用・収益の見越し・繰延べ					●		●			●		

第3問

論点	23	24	25	26	27	28	29	30	31	32	33	34
材料費					●				●			
労務費						●						
経費												
費目別計算								●				
工事間接費	●					●	※			●		
部門別原価計算		●	※								●	
工事原価明細表												
勘定の記入				●				●				●
材料元帳					●							
完成工事原価報告書												●

※　21回・25回・29回は第４問で出題。

第4問

論点	23	24	25	26	27	28	29	30	31	32	33	34
工事原価計算の資料より												
勘定記入												
工事別原価計算表作成		●				●			●		●	
工事原価明細表			※									
完成工事原価報告書作成				●			※			●		
工事間接費配賦差異の算定		●		●			※		●	●	●	
部門別原価計算					●					●		
部門費振替表	●		●		●			●				●
理論												
原価計算基準全般									●			
制度的原価の基礎的分類		●										
原価とは												
配賦基準の選択							※			●		
原価計算の分類	●					●						
原価・非原価の区別			※		●						●	●
営業費の区分								●				
特殊原価調査				●								

※　21回・25回・29回は第３問で出題。

第5問

論点	23	24	25	26	27	28	29	30	31	32	33	34
精算表作成	●	●	●	●	●	●	●	●	●	●	●	●
銀行勘定調整表	●				●		●		●			
現金実査・現金過不足				●		●		●		●	●	●
通貨代用証券												
仮払金の整理	●	●	●	●	●	●	●	●	●	●	●	●
仮受金の整理		●	●	●	●	●	●	●	●	●	●	●
手形の不渡り		●										
有価証券の評価替											●	
有価証券の振替			●									
外注費の計上	●											
建設仮勘定	●									●		●
仮設撤去費の計上					●							●
仮設材料の評価		●				●		●		●		
工事未払金	●		●		●							
貸倒引当金の設定	●	●	●	●	●	●	●	●	●	●	●	●
減価償却費の計上	●	●	●	●	●	●	●	●	●	●	●	●
材料の棚卸減耗損				●			●		●		●	
退職給付引当金	●	●	●		●	●	●	●	●	●	●	●
賞与引当金										●		
完成工事補償引当金	●	●	●	●	●	●	●	●	●	●	●	●
工事損失引当金												
完成工事原価の振替	●	●	●	●	●	●	●	●	●	●	●	●
費用・収益の見越し・繰延べ			●	●		●						
法人税等の計上	●	●	●	●	●	●	●	●	●	●	●	●

CONTENTS

過去問題編　解答・解説

過去問題編　問題・解答用紙（別冊）

※　解答用紙については、問題で［解答用紙あり］となっている問題のみ用意しております。なお、仕訳問題の解答用紙が必要な方は、論点別問題編の解答用紙内にある「仕訳シート」をコピーしてご利用ください。

※　論点別問題編、過去問題編とも解答用紙はダウンロードしてご利用いただけます。TAC出版書籍販売サイト・サイバーブックストアにアクセスしてください。
https://bookstore.tac-school.co.jp/

論点別問題編

問　題

マークの意味

基本 応用 …基本的な問題

基本 応用 …応用的な問題

解答用紙あり …解答用紙がある問題

別冊の解答用紙をご利用ください。
※仕訳問題の解答用紙が必要な方は、仕訳シート（別冊内）をご利用ください。

第１章　簿記の基礎

問題 1　仕訳の基本　解答用紙あり

解答…P.52　基本　応用

次の各要素の増減は仕訳において借方（左側）と貸方（右側）のどちらに記入されるか、借方（左側）または貸方（右側）に○をつけなさい。

(1)	資産の増加	借方（左側）・貸方（右側）
(2)	資産の減少	借方（左側）・貸方（右側）
(3)	負債の増加	借方（左側）・貸方（右側）
(4)	負債の減少	借方（左側）・貸方（右側）
(5)	純資産の増加	借方（左側）・貸方（右側）
(6)	純資産の減少	借方（左側）・貸方（右側）
(7)	収益の増加（発生）	借方（左側）・貸方（右側）
(8)	収益の減少（消滅）	借方（左側）・貸方（右側）
(9)	費用の増加（発生）	借方（左側）・貸方（右側）
(10)	費用の減少（消滅）	借方（左側）・貸方（右側）

問題 2　転　記　解答用紙あり

解答…P.52　基本　応用

次の各取引を総勘定元帳（略式）に転記しなさい。なお、日付と相手科目についても記入すること。

4月5日	（材　料）	300	（工事未払金）	300
4月8日	（現　金）	200	（完成工事高）	600
	（完成工事未収入金）	400		
4月15日	（工事未払金）	150	（現　金）	150
4月20日	（現　金）	450	（完成工事未収入金）	450

第2章　現金と当座預金

問題 3　現金過不足

解答…P.53　基本　応用

次の一連の取引について仕訳しなさい。

(1)　金庫を調べたところ、現金の実際有高は550円であるが、帳簿残高は600円であった。また、国債の利札40円の支払期限が到来したため、新たにこれを計上する。

(2)　(1)の現金過不足の原因を調べたところ、30円については通信費の支払いが記帳漏れであることが判明した。

(3)　本日決算日につき、(1)で生じた現金過不足のうち原因不明の20円について雑損または雑益で処理する。

問題 4　現金過不足

解答…P.53　基本　応用

次の一連の取引について仕訳しなさい。

(1)　金庫を調べたところ、現金の実際有高は700円であるが、帳簿残高は600円であった。

(2)　(1)の現金過不足の原因を調べたところ、70円については完成工事未収入金の回収が記帳漏れであることが判明した。

(3)　本日決算日につき、(1)で生じた現金過不足のうち原因不明の30円について雑損または雑益で処理する。

問題 5　当座預金の処理

解答…P.53　基本　応用

次の一連の取引について仕訳しなさい。

(1)　宮城建設は銀行と当座取引契約を結び、現金300円を当座預金口座に預け入れた。

(2)　宮城建設は工事未払金200円を小切手を振り出して支払った。

問題 6　小切手の処理

解答…P.53　基本　応用

次の各取引について仕訳しなさい。

(1)　北海道建設は青森物産に対する完成工事未収入金3,000円を回収し、同店振出の小切手を受け取った。

(2)　北海道建設は岩手建材に対する工事未払金3,000円を支払うため、他人（青森物産）振出小切手を渡した。

問題 7 小切手の処理

解答…P.53 基本 応用

次の取引について仕訳しなさい。

熊本建設より完成工事未収入金55,000円をかつて当社が振り出した小切手で受け取った。

問題 8 当座借越の処理

解答…P.54 基本 応用

次の一連の取引について仕訳しなさい。なお、二勘定制で処理すること。

(1) 宮城建設は工事未払金150円を小切手を振り出して支払った。なお、当座預金の残高は100円であったが、宮城建設は銀行と借越限度額400円の当座借越契約を結んでいる。

(2) 宮城建設は現金250円を当座預金口座に預け入れた。

問題 9 当座借越の処理

解答…P.54 基本 応用

次の取引について仕訳しなさい。ただし、勘定科目は次の中からもっとも適当と思われるものを選ぶこと。

現　　金　　当座預金　　当座借越　　材　　料

金沢資材から材料2,500円を仕入れ、代金は小切手を振り出して支払った。ただし、当座預金の残高は1,900円であったが、石川銀行と当座借越契約を結んでおり、借越限度額は5,000円である。なお、引取運賃100円は現金で支払った。

問題 10　銀行勘定調整表

解答…P.54　基本　応用

次の資料にもとづいて、修正仕訳をしなさい。なお、仕訳が不要の場合は借方科目欄に「仕訳なし」と記入すること。

[資料]

当社の当座預金残高と銀行残高証明書残高が一致していなかったので、その原因を調べたところ、次のことが判明した。

(1)　現金30,000円を当座預金に預け入れたが、銀行では翌日入金としていた。

(2)　材料の仕入先に対する工事未払金10,000円の当座預金による支払いを1,000円と誤記していた。

(3)　材料の仕入先に対する工事未払金5,000円の支払いのために作成した小切手が、未渡しであった。

(4)　工事代金の未収分20,000円が当座預金口座へ入金されていたにもかかわらず当社への連絡が未達であった。

(5)　得意先から受け入れた小切手40,000円について、銀行がいまだ取り立てていなかった。

(6)　材料の仕入先に対する工事未払金を支払うために振り出した小切手30,000円が、いまだ銀行に呈示されていなかった。

(7)　広告費4,000円の支払いのために作成した小切手が、未渡しであった。

問題 11　銀行勘定調整表　解答用紙あり

解答…P.55　基本　応用

次の資料にもとづいて、両者区分調整法による銀行勘定調整表を完成させなさい。

[資料]

当社の当座預金残高は1,760円であるが、銀行残高証明書の残高は1,770円であった。なお、差異の原因を調べたところ、次のことが判明した。

(1)　現金200円を当座預金に預け入れたが、銀行では翌日入金としていた。

(2)　得意先に対する完成工事未収入金100円が当座預金口座に入金されたが、当社への連絡が未達であった。

(3)　材料の仕入先に対する工事未払金300円の支払いのために作成した小切手が、未渡しであった。

(4)　材料の仕入先に対する工事未払金を支払うために振り出した小切手120円が、いまだ銀行に呈示されていなかった。

(5)　銀行に取り立てを依頼していた得意先振出の小切手150円が未取立てであった。

(6)　備品80円を購入し、小切手を振り出したときに、誤って次の仕訳をしていた。

（当 座 預 金）　80　（備　　品）　80

第３章　建設業における債権・債務

問題 12　前渡金・未成工事受入金の処理

解答…P.56　基本　応用

次の各取引について仕訳しなさい。

(1)　島根建設は鳥取資材に材料を注文し、内金として500円を現金で支払った。

(2)　島根建設は鳥取資材から材料3,000円を仕入れ、代金のうち500円は注文時に支払った内金と相殺し、残額は掛けとした。

(3)　島根建設は山口物産から請負工事の発注を受け、内金として500円を現金で受け取った。

(4)　島根建設は山口物産に請負工事3,000円を施工完了して引き渡し、代金のうち500円は受注時に受け取った内金と相殺し、残額は掛けとした。

問題 13　前渡金・未成工事受入金の処理

解答…P.56 基本 応用

次の各取引について仕訳しなさい。ただし、勘定科目は次の中からもっとも適当と思われるものを選ぶこと。

現　　　金	当 座 預 金	完成工事未収入金	前 渡 金
材　　　料	未成工事受入金	完 成 工 事 高	工事未払金

(1)　かねて注文していた材料70,000円を仕入れ、注文時に支払った手付金10,000円を控除し、残額については小切手を振り出して支払った。

(2)　得意先岩手物産から受注した請負工事60,000円を完了し、引き渡した。代金のうち、20,000円はすでに受け取っていた手付金と相殺し、残額は掛けとした。

問題 14　材料の仕入戻し、値引き

解答…P.56 基本 応用

次の各取引について仕訳しなさい。

(1)　先に掛けで仕入れた材料のうち、品違いのため100円を返品した。

(2)　先に掛けで仕入れた材料のうち、汚損のため250円の値引きを受けた。

問題 15　材料の仕入取引

解答…P.57 基本 応用

次の各取引について仕訳しなさい。

(1)　材料2,000円を仕入れ、代金は掛けとした。なお、当店負担の引取運賃100円を現金で支払った。

(2)　先に掛けで仕入れた材料のうち500円を品違いのため、返品した。

(3)　先に仕入れた材料につき、50円の割戻しを受け、工事未払金と相殺した。

(4)　材料5,000円を「20日後払い、ただし10日以内に支払うときは２％引き」の条件で仕入れた。

(5)　(4)の仕入日から８日目に工事未払金5,000円を支払ったため、２％の割引きを受け、残額を小切手を振り出して支払った。

第4章　手　形

問題16　約束手形の処理

解答…P.57　基本　応用

次の一連の取引について仕訳しなさい。

(1)　材料500円を仕入れ、代金は約束手形を振り出して渡した。

(2)　(1)の約束手形の代金を当座預金口座から支払った。

問題17　約束手形の処理

解答…P.57　基本　応用

次の一連の取引について仕訳しなさい。

(1)　完成工事未収入金800円を先方振出の約束手形で回収した。

(2)　(1)の約束手形の代金を受け取り、ただちに当座預金口座に預け入れた。

問題18　自己振出手形の回収

解答…P.57　基本　応用

次の取引について仕訳しなさい。

当社は完成工事未収入金の回収として、額面2,000円の自社振出の約束手形および額面1,000円の和歌山物産振出の約束手形を受け取った。

問題19　営業外手形

解答…P.58　基本　応用

次の各取引について仕訳しなさい。

(1)　事務所を拡張するため建物3,000,000円を購入し、代金のうち400,000円は小切手を振り出して支払い、残額は約束手形を振り出して支払った。

(2)　資材置場として利用していた土地（帳簿価額1,800,000円）を2,250,000円で売却し、代金は約束手形で受け取った。

問題20　為替手形の処理

解答…P.58　基本　応用

次の一連の取引について仕訳しなさい。

(1)　東京建設は神奈川資材に対する工事未払金400円を支払うため、かねて完成工事未収入金のある埼玉物産を名宛人とする為替手形を振り出し、埼玉物産の引き受けを得て渡した。

(2)　(1)の為替手形が決済された。

問題 21 為替手形の処理

解答…P.58 基本 応用

次の一連の取引について仕訳しなさい。

(1) 神奈川建設は東京商事に対する完成工事未収入金400円を東京商事振出、埼玉資材を名宛人とする為替手形（埼玉資材の引き受けあり）で受け取った。

(2) (1)で受け取っていた東京商事振出、埼玉資材を名宛人とする為替手形が決済され、神奈川建設は当座預金口座に入金を受けた。

問題 22 為替手形の処理

解答…P.58 基本 応用

次の一連の取引について仕訳しなさい。

(1) 埼玉建設は、東京資材に対する工事未払金400円について、東京資材振出、埼玉建設を名宛人、神奈川物産を指図人とする為替手形の引き受けを求められたのでこれを引き受けた。

(2) 埼玉建設は(1)で引き受けていた東京資材振出、埼玉建設を名宛人、神奈川物産を指図人とする為替手形の代金が決済され、当座預金口座から支払った。

問題 23 手形の裏書きの処理

解答…P.59 基本 応用

次の各取引について仕訳しなさい。

(1) 山梨建設は静岡資材から材料700円を仕入れ、代金はかねて群馬商事から受け取っていた為替手形を裏書きして渡した。

(2) 静岡建設は山梨物産に完成工事物700円を引き渡し、代金は群馬商事振出の為替手形を裏書譲渡された。

問題 24 手形の割引きの処理

解答…P.59 基本 応用

次の各取引について仕訳しなさい。

(1) 新潟建設は佐渡物産に完成工事物900円を引き渡し、代金は約束手形で受け取った。

(2) 新潟建設は受け取っていた約束手形900円を銀行で割り引き、割引料50円を差し引かれた残額は当座預金口座に預け入れた。

問題25　手形の不渡り

解答…P.59　基本　応用

次の各取引について仕訳しなさい。

(1)　かねて仙台物産から受け取っていた同店振出の約束手形150,000円につき、本日、不渡りとなった旨の連絡を受けた。

(2)　かねて割り引きした約束手形120,000円について、本日、満期日に不渡りとなった旨の連絡を受けたので小切手を振り出して支払った。

問題26　手形貸付金の処理

解答…P.59　基本　応用

次の一連の取引について仕訳しなさい。

(1)　愛知建設は長野物産に現金800円を貸し付け、担保として約束手形を受け取った。

(2)　愛知建設は長野物産より(1)の貸付金の返済を受け、利息10円とともに現金で受け取った。

問題27　手形借入金の処理

解答…P.59　基本　応用

次の一連の取引について仕訳しなさい。

(1)　愛知建設は長野物産より現金800円を借り入れ、担保として約束手形を振り出して渡した。

(2)　愛知建設は長野物産に(1)の借入金を返済し、利息10円とともに現金で支払った。

第５章　その他の債権・債務

問題28　貸付金の処理

解答…P.60　基本　応用

次の一連の取引について仕訳しなさい。

(1)　滋賀建設は、三重建設に現金1,000円を貸付期間８カ月、年利率３％で貸し付けた。なお、利息は返済時に受け取る。

(2)　滋賀建設は三重建設より(1)の貸付金の返済を受け、利息とともに現金で受け取った。

問題 29　借入金の処理

解答…P.60　基本　応用

次の一連の取引について仕訳しなさい。

(1)　青森建設は岩手建設より現金3,000円を借入期間３カ月、年利率２％で借り入れた。なお、利息は返済時に支払う。

(2)　青森建設は(1)の借入金を返済し、利息とともに現金で支払った。

問題 30　未払金の処理

解答…P.60　基本　応用

次の一連の取引について仕訳しなさい。

(1)　青山建設は渋谷物産から機械を3,000円で購入し、代金は月末払いとした。

(2)　青山建設は(1)の代金を小切手を振り出して支払った。

問題 31　未収入金の処理

解答…P.60　基本　応用

次の一連の取引について仕訳しなさい。

(1)　池袋物産は所有する機械を3,600円で売却し、代金は月末に受け取ることとした。

(2)　池袋物産は(1)の代金を現金で受け取った。

問題 32　立替金の処理

解答…P.61　基本　応用

次の各取引について仕訳しなさい。

(1)　材料4,000円を掛けで仕入れた。なお、先方負担の引取費用100円は現金で支払った。

(2)　従業員が負担すべき保険料500円を現金で立て替えた。

(3)　賃金8,000円のうち、(2)で立て替えた500円を差し引いた残額を従業員に現金で支払った。

問題 33　預り金の処理

解答…P.61　基本　応用

次の一連の取引について仕訳しなさい。

(1)　賃金5,000円のうち源泉徴収税額500円を差し引いた残額を従業員に現金で支払った。

(2)　預り金として処理していた源泉徴収税額500円を小切手を振り出して納付した。

問題34 立替金・預り金の処理

解答…P.61 基本 応用

次の各取引について仕訳しなさい。ただし、勘定科目は次の中からもっとも適当と思われるものを選ぶこと。

現　　金	当座預金	立 替 金
預 り 金	賃　　金	

(1) 従業員が負担すべき当月分の生命保険料8,000円を小切手を振り出して支払った。なお、当月末にこの生命保険料は従業員の賃金（500,000円）から差し引くこととした。

(2) 従業員の賃金について源泉徴収していた所得税7,000円を小切手を振り出して税務署に納付した。

問題35 仮払金・仮受金の処理

解答…P.62 基本 応用

次の各取引について仕訳しなさい。

(1) 従業員の出張にともない、旅費の概算額5,000円を現金で前渡しした。

(2) 従業員が出張から帰社し、旅費として6,000円を支払ったと報告を受けた。なお、旅費の概算額として5,000円を前渡ししており、不足額1,000円は現金で支払った。

(3) 出張中の従業員から当座預金口座に3,000円の入金があったが、その内容は不明である。

(4) 出張中の従業員が帰社し、(3)の入金は完成工事未収入金を回収したものとの報告を受けた。

問題 36　仮払金・仮受金の処理

解答…P.62　基本 応用

次の取引について仕訳しなさい。ただし、勘定科目は次の中からもっとも適当と思われるものを選ぶこと。

現　　金	前 渡 金	前 受 金	完 成 工 事 高
材　　料	仮 払 金	仮 受 金	完成工事未収入金

先月、仮受金として処理していた内容不明の当座入金額は、横浜商店から注文を受けたときの手付金の受取額5,000円と川崎商店に対する完成工事未収入金の回収額6,000円であることが判明した。

第６章　費用・収益の繰延べと見越し

問題 37　利息の後払い・再振替

解答…P.62　基本 応用

次の各取引について仕訳しなさい。

(1)　10月１日　明神銀行より次の条件で300,000円を借り入れ、当座預金とした。
　　借入期間　１年　年利６％　利息後払い

(2)　12月31日　決算整理仕訳を行う。

(3)　１月１日　再振替仕訳を行う。

問題 38　費用・収益の繰延べと見越し

解答…P.63　基本 応用

次の各取引について仕訳しなさい。

(1)　決算につき、支払家賃400円のうち、次期分100円を繰り延べる。

(2)　決算につき、受取利息600円（半年分）のうち、次期分（４カ月分）を繰り延べる。

(3)　決算につき、支払保険料200円を見越計上する。

(4)　決算につき、受取地代80円を見越計上する。

第7章　有価証券

問題 39　株式の処理

解答…P.63　基本　応用

次の一連の取引について仕訳しなさい。

(1)　京都商事株式会社の株式を売買目的で1株あたり@100円で20株購入し、代金は売買手数料20円とともに現金で支払った。

(2)　配当として配当金領収証15円を受け取った。

(3)　京都商事株式会社の株式10株（1株の帳簿価額@101円）を1株あたり@99円で売却し、代金は現金で受け取った。

(4)　決算につき、京都商事株式会社の株式10株を時価に評価替えする（帳簿価額@101円、時価@102円）。

問題 40　公社債の処理

解答…P.64　基本　応用

次の一連の取引について仕訳しなさい。

(1)　奈良商事株式会社の社債額面3,000円を、額面@100円につき@94円で購入（売買目的）し、代金は売買手数料30円とともに現金で支払った。

(2)　奈良商事株式会社の社債の利払日になったので、その利札20円を切り取って銀行で現金を受け取った。

(3)　売買目的で所有する(1)の奈良商事株式会社の社債3,000円を額面@100円あたり@96円で売却し、代金は現金で受け取った。

問題 41　有価証券の処理

解答…P.64　基本　応用

次の各取引について仕訳しなさい。

(1)　短期に売却処分する目的で中央工業株式会社の株式@400円を200株購入し、代金は手数料400円とともに現金で支払った。

(2)　当期に売買目的で額面@100円につき@95.5円で買い入れた東名商事株式会社の社債のうち、額面総額60,000円を額面@100円につき@97円で売却し、代金は当座預金口座に振り込まれた。

問題 42　満期保有目的債券の決算時における処理

解答…P.65　基本　応用

次の一連の取引について仕訳しなさい。

⑴　×１年４月１日　満期保有目的で高知物産㈱の社債（額面総額40,000円）を額面100円につき96円で購入し、代金は月末に支払うこととした。なお、当該社債の満期日は×５年３月31日である。

⑵　×１年９月30日　高知物産㈱の社債につき、社債利札80円の期限が到来した。

⑶　×２年３月31日　決算日をむかえた。なお、高知物産㈱の社債の額面金額と取得価額との差額は金利調整差額と認められ、償却原価法（定額法）によって処理する。

問題 43　公社債の購入・売却と端数利息

解答…P.65　基本　応用

次の各取引について仕訳しなさい。

⑴　×１年10月20日　かねて売買目的で額面@100円につき@96円で購入していた社債（額面総額50,000円）を額面@100円につき@97円で売却し、代金は前回の利払日の翌日から売買日までの利息とともに小切手で受け取った。なお、この社債は利率年7.3%、利払日は６月末、12月末の年２回で、端数利息は１年を365日として日割計算する。

⑵　×２年５月25日　売買目的で額面総額60,000円の社債を額面@100円につき@98円で購入し、端数利息とともに小切手を振り出して支払った。なお、この社債は利率年7.3%、利払日は３月末、９月末の年２回で、端数利息は１年を365日として日割計算する。

問題 44　期末評価替え・強制評価減

解答…P.66　基本　応用

次の各取引における仕訳を示しなさい。

⑴　子会社株式3,000株（市場価格あり、簿価@500円）について時価が著しく下落し@200円となった。時価の回復する見込みは不明である。

⑵　関連会社株式1,500株（市場価格なし、簿価@850円）について、発行会社の財政状態が以下のように悪化したため、実質価額に評価替えした。なお、同社の発行済株式総数は5,000株であり、財政状態は次のとおりである。

諸　資　産　6,000,000円　　　諸　負　債　4,300,000円

⑶　投資有価証券（株式）1,000株（取得原価@460円）は時価を把握することが極めて困難なものである。

第8章　固定資産

問題45　固定資産の減価償却

解答…P.66 基本 応用

次の各取引について仕訳しなさい。ただし、減価償却方法は定率法（償却率：年20%）によって間接法により記帳すること。

⑴　×1年4月1日　備品198,000円を購入し、代金は据付費用2,000円とともに小切手を振り出して支払った。

⑵　×2年3月31日　決算につき、減価償却を行う。

⑶　×3年3月31日　決算につき、減価償却を行う。

⑷　×4年3月31日　決算につき、減価償却を行う。

問題46　固定資産の減価償却

解答…P.67 基本 応用

次の決算整理事項にもとづいて、決算整理仕訳をしなさい（当期：×3年4月1日～×4年3月31日）。なお、残存価額は取得原価の10%として計算し、勘定科目は次の中からもっとも適当なものを選ぶこと。

減　価　償　却　費　　建物減価償却累計額
備品減価償却累計額　　車両減価償却累計額

[決算整理事項]

	取得原価	期首の減価償却累計額	償却方法
建物(※)	500,000円	270,000円	定額法（耐用年数50年）
備　品	300,000円	75,000円	定率法（償却率：年25%）
車　両	400,000円	216,000円	生産高比例法（見積総走行距離10,000km、当期走行距離3,000km）

※　建物のうち、100,000円は×3年8月1日に自社利用の目的で購入したものである。

問題 47 総合償却 解答用紙あり

解答…P.67 基本 応用

下記の機械を当期首から事業に供し、総合償却を行う。
この場合の総合償却の平均耐用年数を求めなさい。
残存価額はゼロとし、平均耐用年数は1年未満を切り捨てて解答すること。

機械X	取得原価300,000円	耐用年数6年
機械Y	取得原価400,000円	耐用年数8年
機械Z	取得原価700,000円	耐用年数7年

問題 48 総合償却 解答用紙あり

解答…P.68 基本 応用

次の資料にもとづき、以下の各問に答えなさい。

[資料]

　当社が保有する機械は次のとおりである。なお、残存価額はすべて取得原価の10%であり、定額法により減価償却を行う（記帳方法は間接法）。

	取得原価	耐用年数
A機械	400,000円	3年
B機械	800,000円	6年
C機械	1,600,000円	8年

問1　総合償却を行う場合の平均耐用年数を計算しなさい。
問2　総合償却を行う場合の、1年分の減価償却費を計算しなさい。
問3　総合償却を行っている場合において、A機械を2年目末に除却したときの仕訳をしなさい。なお、残存価額を貯蔵品として処理する。

問題 49 固定資産の売却

解答…P.68 基本 応用

次の取引について仕訳しなさい。なお、勘定科目は次の中からもっとも適当なものを選ぶこと。

現　　金	未 収 入 金	備　　品	備品減価償却累計額
減 価 償 却 費	固定資産売却損	固定資産売却益	

香川建設（年１回、３月末決算）は、×３年６月30日に備品（取得原価400,000円、購入日×１年４月１日）を280,000円で売却し、代金のうち半分は現金で受け取り、残りは翌月末日に受け取ることとした。なお、当該備品は定額法（残存価額はゼロ、耐用年数８年）により減価償却しており、間接法で記帳している。

問題 50 固定資産の買換え

解答…P.69 基本 応用

次の各取引について仕訳しなさい。なお、決算日は３月31日である。

(1) ×４年４月１日　旧車両（取得原価500,000円、減価償却累計額300,000円、間接法で記帳）を下取りに出し、新車両600,000円を購入した。なお、旧車両の下取価格は120,000円であり、新車両の購入価額との差額は現金で支払った。

(2) ×５年６月30日　旧車両（取得原価600,000円、期首の減価償却累計額292,800円、間接法で記帳）を下取りに出し、新車両800,000円を購入した。なお、旧車両の下取価格は240,000円であり、新車両の購入価額との差額は翌月末に支払うことにした。なお、この車両は定率法（償却率：年20％）で償却している。

問題 51 固定資産の除却と廃棄

解答…P.70 基本 応用

次の各取引について仕訳しなさい。

(1) 当期首において、備品（取得原価130,000円、減価償却累計額90,000円、間接法で記帳）を除却した。なお、この備品の処分価値は30,000円と見積られた。

(2) 当期首において、機械（取得原価240,000円、減価償却の累計額200,000円、直接法で記帳）を廃棄した。なお、廃棄費用2,000円は現金で支払った。

問題 52 固定資産の除却と廃棄

解答…P.70 基本 応用

次の取引について仕訳しなさい。なお、勘定科目は次の中からもっとも適当なものを選ぶこと。

貯　蔵　品	備　　　品	備品減価償却累計額
減 価 償 却 費	固定資産除却損	固定資産売却損

×４年の期首（４月１日）に200,000円で購入したコンピュータを当期末（×８年３月31日）に除却し、処分するまで倉庫に保管することとした。なお、このコンピュータの処分価値は30,000円と見積られた。当該資産は定額法（残存価額はゼロ、耐用年数５年）により償却され、間接法で記帳している。当期分の減価償却費の計上もあわせて行うこと。

問題 53 建設仮勘定

解答…P.70 基本 応用

次の一連の取引について仕訳しなさい。

(1) 当社は自社で利用する倉庫の新築のために、他の建設会社と契約を結んだ。その際、工事請負価額（900,000円）の一部100,000円を手付金として小切手を振り出して支払った。

(2) (1)の倉庫が完成し、建設会社から引き渡しを受けた。なお、工事請負価額900,000円と手付金100,000円の差額800,000円は翌月末に支払うこととした。

問題 54 建設仮勘定

解答…P.71 基本 応用

次の取引について仕訳しなさい。

建設中だった自社利用の建物の完成にともない、工事代金の残額700,000円を小切手を振り出して支払い、建物の引き渡しを受けた。なお、同建物については工事代金としてすでに50,000円の支出がある。

問題 55 改良と修繕

解答…P.71 基本 応用

次の取引について仕訳しなさい。

自社利用の建物について定期修繕と改良を行い、代金200,000円を小切手を振り出して支払った。なお、そのうち150,000円は改良分（資本的支出）である。

問題 56　固定資産の滅失

解答…P.71　基本 応用

次の各取引について仕訳しなさい。

(1)　火災（当期首に発生）により、自社の建物（取得原価800,000円、減価償却累計額500,000円、間接法で記帳）が焼失した。なお、この建物には火災保険400,000円が付してあるため、保険会社に連絡をした。

(2)　保険会社より、(1)の火災について保険金400,000円を支払う旨の連絡を受けた。

(3)　仮に、この建物に火災保険を付していなかった場合における、(1)の建物焼失の仕訳を示しなさい。

問題 57　固定資産の滅失

解答…P.71　基本 応用

次の各取引について仕訳しなさい。なお、勘定科目は次の中からもっとも適当なものを選ぶこと。

現　　　金	未収入金	建　　　物	建物減価償却累計額
保険差益	火災損失	未　決　算	

(1)　本日、火災により焼失していた自社の建物（取得原価800,000円、残存価額80,000円、耐用年数20年、償却方法は定額法、間接法により記帳）について請求していた保険金300,000円を支払う旨の連絡を保険会社から受けた。なお、当該建物は、当期首から12年前に取得したものであり、火災（当期首に発生）により焼失した際、期首時点の帳簿価額を未決算勘定に振り替えていた。

(2)　(1)について、支払われる保険金が400,000円だった場合の仕訳を示しなさい。

第9章　合併、無形固定資産と繰延資産

問題 58　合　併

解答…P.72　基本 応用

次の取引について、宮城建設の仕訳をしなさい。

宮城建設は、福島建設を吸収合併し、株式700株（1株あたりの時価は50円とし、全額を資本金とする）を発行し、福島建設の株主に交付した。なお、合併直前の福島建設の資産と負債（ともに時価）は次のとおりである。

資産：当座預金10,000円、完成工事未収入金20,000円、土地50,000円

負債：工事未払金27,000円、借入金23,000円

問題59　無形固定資産

解答…P.72　基本 応用

次の一連の取引について仕訳しなさい。なお、当期は×1年4月1日から×2年3月31日までである。

(1)　×1年4月1日　特許権を取得した。なお、特許権の取得にともなう費用16,000円は小切手を振り出して支払った。

(2)　×2年3月31日　決算につき(1)の特許権を償却する。また、期首において他社を買収した際に生じたのれん20,000円（借方）を償却する。なお、特許権は8年、のれんは20年で毎期均等額を償却すること。

問題60　無形固定資産

解答…P.72　基本 応用

当社は4月1日から3月31日までの1年間を会計期間としている。下記の資料にもとづき、決算時における無形固定資産の償却の仕訳を示しなさい。

[資料]

(1)

決算整理前試算表（一部）

特　許　権	648,000	
借　地　権	1,700,000	
の　れ　ん	400,000	

(2)　決算整理事項

①　特許権は当期の6月1日に取得しており、8年間で償却する。

②　借地権は当期首に土地を賃借するために支払った権利金である。

③　のれんは当期首に呉工務店を吸収合併した際に計上したもので、20年間で償却する。

問題 61　繰延資産

解答…P.73 基本 応用

次の各取引について仕訳しなさい。なお、当期は×1年4月1日から×2年3月31日までである。

(1)①　×1年4月1日　新潟建設は、会社の設立にあたり、株式200株を1株600円で発行し、全株式の払い込みを受け、払込金額は当座預金とした。なお、会社法の定める原則額を資本金とする。また、株式の発行費用（繰延資産として処理する）2,000円は現金で支払った。

②　×2年3月31日　決算につき、上記①の繰延資産を定額法（5年）で月割償却する。

(2)①　×1年8月1日　群馬建設は、増資にあたり株式の発行費用（繰延資産として処理する）3,600円を現金で支払った。

②　×2年3月31日　決算につき、上記①の繰延資産を定額法（3年）で月割償却する。

問題 62　繰延資産の償却とB/S表示　解答用紙あり

解答…P.73 基本 応用

以下の資料により、決算で行う償却仕訳を示し、貸借対照表に計上される金額を求めなさい。なお、繰延資産は下記に示す期間で定額法により償却する（決算日は×6年3月31日、年1回）。

[資料]

(1)　諸勘定の残高（一部）

創　立　費　500,000円　　開　業　費　1,000,000円　　開　発　費　600,000円

株式交付費　180,000円　　社債発行費　360,000円

(2)　繰延資産項目の支出日と償却期間は次のとおりである。

①　創　立　費　×1年4月1日（5年）

②　開　業　費　×2年4月1日（5年）

③　開　発　費　×3年4月1日（5年）

④　株式交付費　×5年4月1日（3年）

⑤　社債発行費　×5年4月1日（3年）

第10章　引当金

問題63　貸倒れ、貸倒引当金の処理

解答…P.74　基本　応用

次の取引について仕訳しなさい。ただし、勘定科目は次の中からもっとも適当と思われるものを選ぶこと。

完成工事未収入金	貸倒引当金	貸倒引当金繰入
貸倒損失	償却債権取立益	貸倒引当金戻入

得意先京都物産が倒産し、同社に対する前期発生の完成工事未収入金200,000円が回収不能となったので、貸倒れとして処理した。なお、貸倒引当金の残高が150,000円あった。

問題64　貸倒れ、貸倒引当金の処理

解答…P.74　基本　応用

次の各取引について仕訳しなさい。

(1)　得意先山口物産が倒産し、完成工事未収入金500円（当期に発生）が貸し倒れた。なお、貸倒引当金の残高が300円ある。

(2)　得意先福岡物産が倒産し、完成工事未収入金500円（前期に発生）が貸し倒れた。なお、貸倒引当金の残高が300円ある。

(3)　決算日において、完成工事未収入金800円と受取手形200円の期末残高について２％の貸倒引当金を設定する。なお、貸倒引当金の期末残高は８円である。

(4)　決算日において、完成工事未収入金400円と受取手形300円の期末残高について２％の貸倒れを見積る。なお、貸倒引当金の期末残高は22円である。

(5)　前期に貸倒処理した完成工事未収入金300円を現金で回収した。

問題65　完成工事補償引当金

解答…P.75　基本　応用

次の各取引について仕訳を示しなさい。材料は材料勘定で処理すること。

(1)　決算にあたり、完成工事高24,000,000円に対して２％の完成工事補償引当金を差額補充法により計上する。なお、同勘定の期末残高は360,000円である。

(2)　前期に引き渡した建物に欠陥があったため、補修工事を行った。この補修工事に係る支出は、手持ちの材料の出庫460,000円と外注工事代140,000円（代金は未払い）であった。なお、完成工事補償引当金の残高は900,000円である。

問題66　完成工事補償引当金

解答…P.75　基本　応用

次の取引について仕訳を示しなさい。材料は材料勘定で処理すること。

(1)　決算にあたり、完成工事高17,000,000円に対して２％の完成工事補償引当金を差額補充法により計上する。なお、同勘定の期末残高は260,000円である。

(2)　前期に引き渡した建物に欠陥があったため、補修工事を行った。この補修工事に係る支出は、手持ちの材料の出庫150,000円と外注工事代72,000円（代金は未払い）であった。なお、完成工事補償引当金の残高は500,000円である。

(3)　前期に引き渡した建物に欠陥があったため、補修工事を行った。この補修工事に係る支出は、手持ちの材料の出庫320,000円と外注工事代156,000円（代金は月末払い）であった。なお、完成工事補償引当金の残高は420,000円である。

問題67　退職給付引当金

解答…P.75　基本　応用

次の各取引について仕訳しなさい。

(1)　決算につき、退職給付引当金の当期繰入額10,000円を計上する。

(2)　従業員が退職し、退職金3,000円を現金で支払った。なお、退職給付引当金の残高は10,000円である。

問題68　修繕引当金

解答…P.76　基本　応用

次の各取引について仕訳しなさい。

(1)　決算につき、修繕引当金の当期繰入額3,000円を計上する。

(2)　機械装置の修繕を行い、修繕費5,000円を小切手を振り出して支払った。なお、前期末に計上した修繕引当金が3,000円ある。

(3)　自社利用の建物の修繕を行い、修繕費10,000円を小切手を振り出して支払った。なお、このうち3,000円については資本的支出（改良）と認められる。また、前期末に計上した修繕引当金が5,000円ある。

第11章　社　債

問題69　社　債

解答…P.76　基本 応用

次の一連の取引について仕訳しなさい。なお、決算日は３月31日であり、過年度の処理は適正に行われている。

⑴　×１年７月１日　額面総額20,000円の社債（償還期間：４年、利払日６月末と12月末、年利率２％）を額面100円につき96円で発行し、払込金額は当座預金とした。なお、社債発行費（繰延資産として処理）480円は現金で支払った。

⑵　×１年12月31日　上記⑴の社債の利払日につき、社債利息を小切手を振り出して支払った。

⑶　×２年３月31日　決算につき、上記⑴の社債に関して、①社債の帳簿価額の調整、②社債発行費の償却、③社債利息の見越計上を行う。なお、社債の額面金額と払込金額との差額（金利調整差額）は定額法により、社債の帳簿価額に加減し、社債発行費は社債の償還期間にわたって月割償却する。

⑷　×５年６月30日　上記⑴の社債の満期日につき、社債を額面で償還し、社債利息とともに小切手を振り出して支払った。なお、金利調整差額の未償却残高は50円であった。また、社債発行費（帳簿価額30円）の償却も行う。

問題70　社　債

解答…P.77　基本 応用

次の取引について仕訳しなさい。なお、勘定科目は次の中からもっとも適当と思われるものを選ぶこと。

現　　　金	社　　　債	社 債 利 息
社債償還損	社債償還益	

栃木建設株式会社（年１回３月末決算）は、×３年３月31日に額面総額30,000円の社債を額面100円につき99円で買入償還し、現金で支払った。なお、この社債は×１年４月１日に額面100円につき98円で発行したものである。当該社債の償還期間は５年であり、額面金額と払込金額との差額（金利調整差額）は償還期間にわたって定額法により月割償却している（社債発行費については無視すること）。

第12章　株式の発行、剰余金の配当と処分

問題 71　株式の発行

解答…P.78　基本　応用

次の各取引について仕訳しなさい。なお、勘定科目は次の中からもっとも適当なものを選ぶこと。

現　　　金　　当座預金　　資　本　金　　資本準備金

(1) 青森建設株式会社は、会社の設立にあたり、株式300株を1株800円で発行し、全株式の払い込みを受け、払込金額は当座預金とした。

(2) 岩手建設株式会社は、会社の設立にあたり、株式400株を1株800円で発行し、全株式の払い込みを受け、払込金額は当座預金とした。なお、払込金額のうち、「会社法」で認められる最低額を資本金とすることとした。

問題 72　株式の発行

解答…P.78　基本　応用

次の一連の取引について仕訳しなさい。なお、勘定科目は次の中からもっとも適当なものを選ぶこと。

現　　　金　　当座預金　　別段預金　　資　本　金
資本準備金　　新株式申込証拠金

(1) 秋田建設株式会社は、増資にあたり、株式400株を1株500円で募集し、申込期日までに全株式の申し込みがあり、払込金額の全額を申込証拠金として受け入れ、別段預金とした。

(2) 秋田建設株式会社は、払込期日に(1)の申込証拠金を払込金に充当した。また、払込金額を別段預金から当座預金口座に振り替えた。なお、払込金額のうち、「会社法」で認められる最低額を資本金とすることとした。

問題 73　当期純損益の振り替え

解答…P.78　基本　応用

次の各取引について仕訳しなさい。

(1) 当期純利益300,000円を、損益勘定から繰越利益剰余金勘定に振り替える。

(2) 当期純損失100,000円を、損益勘定から繰越利益剰余金勘定に振り替える。

問題 74　剰余金の配当、処分

解答…P.79　基本 応用

次の一連の取引について仕訳しなさい。

(1)　当期純利益200,000円を損益勘定から繰越利益剰余金勘定に振り替える。

(2)　株主総会の決議により、繰越利益剰余金の配当および処分を次のように決定した。

株主配当金	80,000円
利益準備金	8,000円
別途積立金	50,000円

(3)　(2)の株主配当金を小切手を振り出して支払った。

問題 75　剰余金の配当、処分

解答…P.79　基本 応用

次の各取引について仕訳しなさい。

(1)　山形建設株式会社は、株主総会の決議により、繰越利益剰余金の配当および処分を次のように決定した。なお、山形建設株式会社の資本金は10,000,000円、資本準備金は1,000,000円、利益準備金は500,000円である。

株主配当金	1,200,000円
利益準備金	各自算定
別途積立金	700,000円

(2)　宮城建設株式会社は、株主総会の決議により、繰越利益剰余金の配当および処分を次のように決定した。なお、宮城建設株式会社の資本金は10,000,000円、資本準備金は1,500,000円、利益準備金は900,000円である。

株主配当金	1,100,000円
利益準備金	各自算定
別途積立金	400,000円

問題 76　株主資本の計数変動

解答…P.79　基本 応用

次の各取引について仕訳しなさい。

(1)　株主総会の決議により、資本金1,000,000円をその他資本剰余金に振り替えた。

(2)　株主総会の決議により、資本準備金500,000円をその他資本剰余金に振り替えた。

(3)　株主総会の決議により、利益準備金300,000円を繰越利益剰余金に振り替えた。

(4)　繰越利益剰余金△250,000円をてん補するため、株主総会の決議により、資本準備金150,000円と利益準備金100,000円を減少させた。

問題77　減　資

解答…P.80　基本　応用

次の取引について仕訳しなさい。

当社は普通株式100株（発行時に、1株の払込金額50円を全額資本金に組み込んでいる）を1株48円で当座預金により買い入れ、減資のために消却した。

第13章　税　金

問題78　税金の処理

解答…P.80　基本　応用

次の各取引について仕訳しなさい。

(1)　自社利用の建物と土地にかかる固定資産税2,000円の納税通知書を受け取ったので、現金で納付した。

(2)　営業用のトラックにかかる自動車税500円を現金で納付した。

問題79　法人税等の処理

解答…P.80　基本　応用

次の一連の取引について仕訳しなさい。

(1)　中間申告を行い、法人税2,000円、住民税500円、事業税100円を小切手を振り出して中間納付した。

(2)　決算につき、当期の法人税等が5,000円と確定した。

(3)　確定申告を行い、上記(2)の未払法人税等を小切手を振り出して納付した。

問題80　消費税の処理

解答…P.80　基本　応用

次の一連の取引について、(A)税抜方式と(B)税込方式で仕訳しなさい。

(1)　材料1,000円を仕入れ、代金は消費税100円とともに現金で支払った。

(2)　工事契約4,000円の物件が完成し、引き渡した。なお、代金は消費税400円とともに現金で受け取った。

(3)　決算につき、仮払消費税と仮受消費税を相殺し、消費税の納付額を計算した。

(4)　上記(3)の消費税の納付額を現金で納付した。

第14章　原価計算の基礎

問題 81　原価計算の基礎知識 解答用紙あり

解答…P.81　基本 応用

次の図の①～⑥に記入する、適当な用語および金額を答えなさい。

<table>
<tr><td>直接材料費
240円</td><td rowspan="4">工事直接費
（　④　）円</td><td rowspan="5">（　⑤　）
760円</td><td rowspan="6">（　⑥　）
960円</td><td rowspan="7">請負工事価格
1,300円</td></tr>
<tr><td>（　①　）
200円</td></tr>
<tr><td>直接外注費
20円</td></tr>
<tr><td>直接経費
（　②　）円</td></tr>
<tr><td colspan="2">工事間接費
160円</td></tr>
<tr><td colspan="2">販売費・一般管理費
200円</td><td></td></tr>
<tr><td colspan="2">利益など
（　③　）円</td><td></td><td></td></tr>
</table>

問題 82　原価計算の基礎知識 解答用紙あり

解答…P.81　基本 応用

当月における次の資料にもとづき、①工事直接費、②工事間接費、③工事原価、④総原価、⑤販売費及び一般管理費を求めなさい。

材料費 {直接材料費……………400円
　　　 {間接材料費…………… 80円

労務費 {直接労務費……………240円
　　　 {間接労務費…………… 64円

外注費　直接外注費……………320円

経費 {直接経費　…………… 40円
　　 {間接経費　……………280円

請負工事価格…………………2,000円

工事利益…………………………160円

第15章　材料費

問題83　材料を購入・消費したときの処理　解答…P.81　基本　応用

次の一連の取引について仕訳しなさい。ただし、勘定科目は次の中からもっとも適当と思われるものを選ぶこと。

現　　　金	工事未払金	材　　料
未成工事支出金	工事間接費	

⑴　A材料100kg（@10円）を掛けで購入した。
⑵　B材料200kg（@20円）を掛けで購入し、引取運賃50円は現金で支払った。
⑶　⑴で購入したA材料のうち、10kgは返品した。
⑷　C材料50個（@60円）を掛けで購入した。
⑸　C材料40個（直接材料として30個、間接材料として10個）を消費した。

問題84　材料費の計算　解答用紙あり　解答…P.82　基本　応用

次の資料にもとづいて、⑴先入先出法、⑵移動平均法、⑶総平均法により材料の当月消費額を計算しなさい。当月末において棚卸減耗は生じていない。なお、払出単価の計算過程で端数が生じた場合、円未満を四捨五入すること。

[資料]

当月における材料の受入、払出状況は以下のとおりであった。

1日	前月繰越	100kg	@260円
6日	仕入	150kg	@290円
12日	払出	170kg	
18日	仕入	150kg	@270円
23日	払出	110kg	

問題85　棚卸減耗が生じたときの処理　解答…P.83　基本　応用

次の資料にもとづいて、材料の棚卸減耗損の仕訳をしなさい。ただし、勘定科目は次の中からもっとも適当と思われるものを選ぶこと。

材　　料　　棚卸減耗損　　工事間接費

[資料]

月末における材料の帳簿棚卸数量は50kg（消費単価は@120円）であるが、実地棚卸数量は47kgであった。なお、棚卸減耗は正常なものである。

問題86　材料評価損が生じたときの処理　解答用紙あり　解答…P.83　基本　応用

次の取引について仕訳しなさい。また、材料勘定を記入し、締め切りなさい。転記にあたっては、取引番号、相手勘定科目（諸口は用いない）、金額を示しなさい。

(1)　当期の材料消費高は56,000円であった。
　（うち工事直接費52,000円、残りは工事間接費としての処理である）

(2)　期末における材料棚卸高は次のとおりである。

帳簿棚卸高	数量50個	原価@200円
実地棚卸高	数量48個	時価@192円

なお、棚卸減耗は原価性があるため工事原価（未成工事支出金）に算入する。

第16章　労務費・外注費

問題87　賃金を支払ったときの処理　解答用紙あり　解答…P.84　基本　応用

次の資料にもとづいて、当月の賃金消費額を計算しなさい。

[資料]

(1)　前月賃金未払額　　50,000円

(2)　当月賃金支給総額　　200,000円
　（うち、源泉所得税と社会保険料の合計額25,000円）

(3)　当月賃金未払額　　40,000円

問題88　賃金の消費額の計算

解答…P.85 基本 応用

次の取引について仕訳しなさい。ただし、勘定科目は次の中からもっとも適当と思われるものを選ぶこと。

未成工事支出金	工事間接費	賃　金
未払賃金	現　金	預り金

(1) 前月の賃金未払額20,000円を未払賃金勘定から賃金勘定に振り替える。
(2) 賃金の当月支給総額300,000円のうち、源泉所得税30,000円と社会保険料10,000円を差し引いた残額を現金で支払った。
(3) 賃金の当月消費額は330,000円（直接労務費200,000円、間接労務費130,000円）であった。
(4) 当月の賃金未払額50,000円を計上した。

問題89　予定賃率を用いる場合

解答…P.85 基本 応用

次の一連の取引について仕訳しなさい。ただし、勘定科目は次の中からもっとも適当と思われるものを選ぶこと。

未成工事支出金	工事間接費	賃　金	賃率差異

(1) 当社は予定賃率（@1,100円）を用いて賃金の消費額を計算している。当月の実際作業時間は400時間（直接作業時間300時間、間接作業時間100時間）であった。
(2) 当月の実際賃金消費額は460,000円であった。

問題 90 外注費の支払い

解答…P.85 基本 応用

次の一連の取引について仕訳しなさい。なお、使用する勘定科目は次の中からもっとも適当と思われるものを選ぶこと。

現　　金　　当座預金　　工事費前渡金　　工事未払金　　外 注 費

(1) 当社はキャット建設株式会社と電気工事の下請契約を結び、契約代金5,000円のうち1,750円について小切手を振り出し、前払いした。
(2) 本日下請工事の進行状況が60%であることが判明した。
(3) 電気工事が完成したので、3,000円の小切手を振り出し、残金は後日支払うことにした。
(4) 残金を現金にて支払った。

問題 91 外注費の支払い 解答用紙あり

解答…P.86 基本 応用

次の一連の取引について仕訳をし、勘定記入を行いなさい（締切不要）。なお、使用する勘定科目は次の中からもっとも適当と思われるものを選ぶこと。また、勘定記入の際、日付のかわりに取引番号を用いること。

当座預金　　未成工事支出金　　工事費前渡金　　支払手形
工事未払金　　外 注 費

(1) 当社はトラ吉株式会社とトイレ床の防水工事の下請契約を結び、契約代金10,000円のうち3,000円について小切手を振り出し、前払いした。
(2) 本日下請工事の進行状況が50%であることが判明した。
(3) 防水工事が完成したので6,000円の小切手を振り出し、残金は後日支払うことにした。
(4) 残金を約束手形を振り出して支払った。
(5) 上記外注費を未成工事支出金に賦課した。

第17章　経　費

問題 92　経費の記帳 解答用紙あり

解答…P.86　基本 応用

次の資料により、経費仕訳帳を完成させなさい。なお、当社は1年決算である。

[資料]

減価償却費	年間償却費	18,000円	動力用光熱費	当月支払高	3,000円
				当月測定高	3,750円
設　計　費	前月未払高	7,500円	修　繕　費	前月未払高	15,000円
	当月支払高	15,000円		当月支払高	37,500円
	当月未払高	6,000円		当月前払高	7,500円

経　費　仕　訳　帳　(単位：円)

×年		摘　要	費　目	借　方			貸　方
				未成工事支出金	工事間接費	販売費及び一般管理費	金　額
4	30	月割経費	減価償却費		(　　)	375	(　　)
	〃	測定経費	動力用光熱費		(　　)		(　　)
	〃	支払経費	設　計　費	(　　)			(　　)
	〃	〃	修　繕　費	3,750	(　　)		(　　)
				(　　)	(　　)	375	33,750

問題 93　経費を消費したときの処理

解答…P.86　基本 応用

次の各取引について仕訳しなさい。ただし、勘定科目は次の中からもっとも適当と思われるものを選ぶこと。

未成工事支出金　　工事間接費　　当 座 預 金　　減価償却累計額

(1)　当月の機械Aの賃借料200円を小切手を振り出して支払った。

(2)　機械Bの減価償却費1,000円（1カ月分）を計上した。

問題 94　経費を消費したときの処理　解答用紙あり　解答…P.87　基本　応用

次の資料にもとづいて、当月の経費消費額を計算しなさい。

[資料]

(1) 機械減価償却費	24,000円	（1年分）
(2) 当月の工事現場水道光熱費	800円	
(3) 機械の保険料	1,200円	（半年分）
(4) 材料棚卸減耗損	100円	

第18章　工事間接費

問題 95　原価計算表と未成工事支出金　解答用紙あり　解答…P.87　基本　応用

次の資料にもとづいて、解答用紙に示す未成工事支出金勘定および原価計算表の（　）内に金額を記入しなさい。

[資料]

(1) 工事間接費は、直接作業時間によって配賦されており、その工事台帳別の作業時間は工事Aが460時間、工事Bが400時間、工事Cが640時間であった。

(2) 工事台帳は工事A、工事B、工事Cがあり、工事Aと工事Cは当月中に完成している。

問題 96 完成工事原価報告書の作成 解答用紙あり 解答…P.88 基本 応用

次の資料にもとづいて、解答用紙の完成工事原価報告書を作成しなさい。

[資料]

(1) 期首の工事原価に関する資料

① 期首材料棚卸高　400,000円

② 期首未成工事支出金の内訳

材料費	300,000円	労務費	400,000円（うち労務外注費120,000円）
外注費	800,000円	経費	200,000円（うち人件費56,000円）

③ 未払労務費　100,000円

④ 未払外注費　200,000円

⑤ 前払経費　60,000円

(2) 当期の工事原価に関する資料

① 当期の材料購入に関するもの

材料総仕入高	1,700,000円
材料値引・返品高	100,000円
材料仕入割引高	200,000円

② 当期労務費支払高　1,300,000円（うち労務外注費400,000円）

③ 当期外注費支払高　360,000円

④ 当期経費支払高　900,000円（うち人件費360,000円）

(3) 期末の工事原価に関する資料

① 期末材料棚卸高

帳簿棚卸高　600,000円　実地棚卸高　560,000円

（注）帳簿棚卸高と実地棚卸高との差額は棚卸減耗（正常なもの）である。

② 期末未成工事支出金の内訳

材料費	240,000円	労務費	420,000円（うち労務外注費140,000円）
外注費	720,000円	経費	120,000円（うち人件費52,000円）

③ 未払労務費　140,000円

④ 未払外注費　240,000円

⑤ 前払経費　160,000円

問題 97　予定配賦率を用いる場合　解答用紙あり　　解答…P.89　基本　応用

次の資料にもとづいて、(1)各建物の工事間接費配賦額を計算し、(2)工事間接費配賦差異を計算しなさい。

[資料]

(1)　工事間接費は直接作業時間を基準に予定配賦する。なお、工事間接費の年間予算は900,000円、年間直接作業時間は3,000時間である。

(2)　当月の建物別の直接作業時間は次のとおりである。

　建物Ａ：100時間　　建物Ｂ：80時間　　建物Ｃ：60時間

　当月の工事間接費実際発生額は73,500円であった。

第19章　部門別計算

問題 98　補助部門費の施工部門への配賦　直接配賦法　解答用紙あり　　解答…P.90　基本　応用

次の資料にもとづいて、直接配賦法により、解答用紙の部門費振替表を完成させなさい。

[資料]

(1)　部門個別費

第１施工部門	第２施工部門	修繕部門	車両部門
24,852円	81,320円	9,672円	3,108円

(2)　部門共通費

　倉庫用建物減価償却費：23,040円　　電力料：7,200円

(3)　部門共通費の配賦資料

	配賦基準	合　計	第１施工部門	第２施工部門	修繕部門	車両部門
倉庫用建物減価償却費	占有面積	800㎡	400㎡	300㎡	60㎡	40㎡
電　力　料	電力使用量	480kWh	120kWh	240kWh	80kWh	40kWh

(4)　補助部門費の配賦資料

	第１施工部門	第２施工部門	修繕部門	車両部門
修 繕 部 門 費	40%	40%	—	20%
車 両 部 門 費	50%	10%	30%	10%

問題 99　補助部門費の施工部門への配賦　相互配賦法　解答用紙あり　解答…P.91　基本　応用

次の資料にもとづいて、相互配賦法により、解答用紙の部門費振替表を完成させなさい。

[資料]

(1)　部門費は解答用紙に記入済みである。

(2)　補助部門費の配賦資料

	第1施工部門	第2施工部門	材料部門	保全部門
材料部門費	40%	40%	—	20%
保全部門費	60%	30%	10%	—

問題 100　補助部門費の施工部門への配賦　解答用紙あり　解答…P.92　基本　応用

下記の資料を参照して部門費振替表を完成させ、各勘定に記入しなさい。ただし、補助部門費の施工部門への配賦は階梯式配賦法によること。

[資料]

(1)　部門個別費実際発生額

第1施工部門	第2施工部門	機械部門	修繕部門	材料管理部門
2,400,000円	2,000,000円	800,000円	600,000円	540,000円

(2)　部門共通費実際発生額

第1施工部門	第2施工部門	機械部門	修繕部門	材料管理部門
1,400,000円	1,790,000円	1,020,000円	880,000円	310,000円

(3)　補助部門から各部門へのサービス提供度合

（単位：%）

	第1施工部門	第2施工部門	機械部門	修繕部門	材料管理部門
機械部門	30	45	——	25	——
修繕部門	32	48	20	——	——
材料管理部門	25	22.5	20	17.5	15

問題101 施工部門費の予定配賦 解答用紙あり

解答…P.95 基本 応用

次の資料にもとづいて、(1)部門別予定配賦率と(2)工事台帳別予定配賦額を計算しなさい。なお、当建設現場は工事間接費を部門別に予定配賦している（配賦基準は機械作業時間)。

[資料]

(1) 補助部門費配賦後の工事間接費年間予算

第1施工部門	第2施工部門
420,000円	156,000円

(2) 年間予定機械作業時間

第1施工部門	第2施工部門
6,000時間	2,000時間

(3) 工事台帳別の実際機械作業時間

	第1施工部門	第2施工部門
建物A	280時間	100時間
建物B	240時間	50時間

問題102 施工部門費の予定配賦 解答用紙あり　解答…P.96　基本 応用

当社は直接作業時間を配賦基準として工事間接費を部門別に予定配賦している。次の資料にもとづいて、以下の各問いに答えなさい。

問１　解答用紙の部門費振替表を完成させなさい。なお、補助部門費は直接配賦法によって施工部門に配賦すること。

問２　切削部門と組立部門の部門別予定配賦率を計算しなさい。

問３　当月における建物Ａの施工に要した実際直接作業時間は切削部門が34時間、組立部門が20時間であった。当月の建物Ａに対する工事間接費予定配賦額を計算しなさい。

[資料]

１．部門個別費年間予算額は解答用紙に示したとおりである。

２．部門共通費年間予算額

建物減価償却費　167,000円　　機械保険料　50,000円

３．部門共通費の配賦資料

	配賦基準	合計	切削部門	組立部門	修繕部門	材料倉庫部　門	車両部門
建物減価償却費	占有面積	1,670㎡	800㎡	500㎡	250㎡	100㎡	20㎡
機械保険料	帳簿価額	250,000円	100,000円	90,000円	40,000円	15,000円	5,000円

４．補助部門費の配賦資料

	配賦基準	合計	切削部門	組立部門	修繕部門	材料倉庫部　門	車両部門
修繕部門費	修繕時間	135時間	60時間	40時間	20時間	10時間	5時間
材料倉庫部門費	出庫回数	50回	30回	20回	―	―	―
車両部門費	運搬回数	402回	200回	120回	60回	20回	2回

５．年間予定直接作業時間

切削部門	組立部門
3,000時間	2,000時間

第20章　工事収益の計上

問題103　収益認識基準

解答…P.98　基本　応用

　次の一連の取引を、(A)工事進行基準と(B)工事完成基準によって仕訳しなさい。なお、工事進行基準における決算日の工事進捗度は、原価比例法により決定すること。

(1)　ゴエモン建設㈱は、×1年8月1日にビルの建設（完成予定は×2年11月30日）を2,850,000円で請け負い、契約時に手付金として200,000円を小切手で受け取った。

(2)　×2年3月31日　決算日を迎えた。当期中に発生した費用は、材料費340,000円、労務費430,000円、経費130,000円であった。なお、工事原価総額は2,250,000円である。

(3)　×2年11月30日　ビルが完成し、引き渡しが完了した。引渡時に契約金の残額2,650,000円を小切手で受け取った。なお、当期中に発生した費用は、材料費580,000円、労務費495,000円、経費275,000円であり、同時に工事原価を未成工事支出金勘定から完成工事原価勘定に振り替える。

問題104　収益認識基準　解答用紙あり

解答…P.98　基本　応用

　次の［資料］にもとづき、工事進行基準を採用した場合の各期における完成工事高、完成工事原価、完成工事総利益を計算しなさい。なお、決算日における工事進捗度は原価比例法により決定すること。

［資料］

(1)　当社は第1期において契約価額400,000円（工事収益総額）の工事を請け負い、着工した。この工事は第3期に完成し、引き渡しが行われた。

(2)　工事原価総額（見積額）は契約時から300,000円で変更はなかった。

(3)　各期末までに発生した原価累計額は次のとおりであった。

	第1期	第2期	第3期
発生原価累計額	60,000円	179,250円	300,000円

問題105 収益認識基準 解答用紙あり

解答…P.99 基本 応用

当社は当期（×１年４月１日から×２年３月31日）に事業を開始し、次の４つの工事（各工事はそれぞれ異なる顧客からの受注である）を契約にもとづき着工した。工事進行基準と工事完成基準にしたがった場合、解答用紙に示した当期末の貸借対照表項目の金額を答えなさい。なお、工事進行基準における決算日の工事進捗度は原価比例法により決定すること。

（単位：円）

工事	契約にもとづく工事収益総額	入金額	発生原価	工事原価総額
A	1,500,000	825,000	600,000	600,000
B	3,000,000	900,000	1,020,000	2,550,000
C	1,250,000	850,000	600,000	1,000,000
D	1,200,000	150,000	400,000	500,000
合計	6,950,000	2,725,000	2,620,000	4,650,000

＊ 当期に完成し、引き渡した工事はA工事のみである。

問題106 収益認識基準 解答用紙あり

解答…P.100 基本 応用

次の［資料］にもとづき、工事進行基準を採用した場合の各期における完成工事高、完成工事原価、完成工事総利益を計算しなさい。

［資料］

(1) 工事契約の施工者である当社は、第１期にダムの建設（建設期間は３年）について契約を締結した。契約で取り決めた当初の工事収益総額は600,000円であり、工事原価総額の当初見積額は540,000円である。

(2) 第１期末において、工事原価総額の見積額は546,000円に変更した。

(3) 第２期末において、契約内容の変更があり、工事収益総額を630,000円とする契約条件の変更が決定した。また、当該変更により工事原価が18,000円増加すると見積られる。

(4) 当社は決算日における工事進捗度を原価比例法により決定している。なお、各期に発生した工事原価は次のとおりである。

	第１期	第２期	第３期
当期に発生した工事原価	136,500円	269,580円	157,920円

＊ 当該工事は第３期に完成し、引き渡しが完了した。

第21章　決算と財務諸表

問題107　精算表　解答用紙あり

解答…P.101　基本　応用

次の決算整理事項および付記事項にもとづいて、精算表を完成しなさい。なお、工事原価は未成工事支出金を経由して処理する方法による（会計期間は１年）。

［決算整理事項］

⑴　貸倒引当金は、差額補充法で売上債権に対して２％設定する。

⑵　有価証券は売買目的有価証券のみであり、期末時価は40,200円である。

⑶　期限の到来した公社債の利札240円が、金庫の中に保管されていた。

⑷　仮払金7,200円は従業員負担の安全靴購入代金の立替分である。

⑸　減価償却費：工事現場用　機械装置……4,560円（付記事項参照）
一般管理部門　備　　品……定額法、耐用年数８年、残存価額は取得原価の10％とする。

⑹　建設仮勘定10,920円のうち9,000円は工事用機械の購入に係るもので、本勘定へ振り替える。ただし、同機械は翌期首から使用するものである。

⑺　退職給付引当金の当期繰入額は、本社事務員について2,100円、現場作業員について2,400円である（付記事項参照）。

⑻　完成工事に係る仮設撤去費の未払分2,280円を計上する。

⑼　完成工事高に対して0.1％の完成工事補償引当金を計上する（差額補充法）。

⑽　未成工事支出金の次期繰越額は12,240円である。

⑾　販売費及び一般管理費のなかには、保険料の前払分360円が含まれており、ほかに本社事務所の家賃の未払分1,080円がある。

＜付記事項＞

同社の月次原価計算において、機械装置の減価償却費については月額390円、現場作業員の退職給付引当金については、月額180円の予定計算を実施している。これらの２項目については、当期の予定計上額と実際発生額（決算整理事項の⑸および⑺参照）との差額は、当期の工事原価（未成工事支出金）に加減するものとする。

MEMO

問題108 財務諸表の作成 解答用紙あり

解答…P.103 基本 応用

次の東京建設株式会社の決算整理後残高試算表および付記事項にもとづいて、損益計算書、完成工事原価報告書および貸借対照表を完成しなさい。

決算整理後残高試算表

東京建設株式会社　　×年３月31日　　(単位：円)

現金預金	595,400	支払手形	331,500
受取手形	390,000	工事未払金	555,100
完成工事未収入金	1,885,000	未成工事受入金	403,650
材料貯蔵品	299,000	未払法人税等	210,600
未成工事支出金	479,700	未払賃借料	8,190
前払保険料	1,950	貸倒引当金	45,500
未収利息	22,100	完成工事補償引当金	12,480
機械装置	1,365,000	機械装置減価償却累計額	666,120
車両運搬具	910,000	車両運搬具減価償却累計額	582,400
建物	1,950,000	建物減価償却累計額	1,053,000
土地	1,040,000	退職給付引当金	399,100
投資有価証券	445,900	資本金	3,900,000
完成工事原価	9,984,000	利益準備金	325,000
販売費及び一般管理費	1,508,000	繰越利益剰余金	167,700
支払利息	51,350	完成工事高	12,480,000
有価証券評価損	35,100	償却債権取立益	23,660
固定資産売却損	6,500	受取利息配当金	58,500
法人税、住民税及び事業税	481,000	固定資産売却益	227,500
	21,450,000		21,450,000

＜付記事項＞

1．当期に計上した販売費及び一般管理費の内訳は以下に示すとおりである。

役員報酬	162,500円	従業員給料手当	344,500円
退職給付引当金繰入額	29,900円	法定福利費	79,950円
修繕維持費	74,100円	事務用品費	58,500円
通信交通費	32,500円	動力用水光熱費	94,900円
広告宣伝費	84,500円	貸倒引当金繰入額	45,500円
地代家賃	24,440円	減価償却費	463,320円
雑費	13,390円		

2．当期に計上した完成工事原価の内訳は、以下に示す内容である。

(1) 工事のために直接購入した素材費：4,589,000円、その他仮設材料の損耗額：60,710円

(2) 工事に従事した直接雇用の作業員に対する賃金、給料および手当：1,615,900円

(3) 工種、工程別等の工事について、素材、半製品、製品等を作業とともに提供し、これを完成することを約する契約にもとづいて、下請業者に支払った額：757,900円

(4) 当期の完成工事について発生したその他の費用

動力用水光熱費	383,500円	機械等経費	451,360円
設計費	224,900円	労務管理費	201,240円
租税公課	208,000円	通信交通費	52,650円
従業員給料手当	481,000円	退職給付引当金繰入額	360,490円
法定福利費	217,100円	福利厚生費	380,250円

第22章　帳簿の締め切り

問題109　帳簿の締め切り　解答用紙あり

解答…P.106　基本 応用

次の決算整理後の各勘定残高にもとづいて、(1)各勘定から損益勘定に振り替える仕訳（損益振替仕訳）および(2)損益勘定から繰越利益剰余金勘定に振り替える仕訳（資本振替仕訳）を示し、(3)損益勘定に記入しなさい。

完成工事高

		諸口	1,900

受取家賃

		諸口	120

完成工事原価

諸口	1,400		

支払利息

諸口	100		

問題110 帳簿の締め切り

解答…P.106 基本 応用

⑴ 次の支払利息勘定の決算整理後の記入状況にもとづいて、この費用の勘定から損益勘定へ振り替える決算仕訳を示しなさい。

支 払 利 息

当座預金	50,000	前払利息	10,000
未払利息	12,000		

⑵ 次の未収家賃勘定にもとづいて、再振替仕訳を示しなさい。

未 収 家 賃

受取家賃	30,000	次期繰越	30,000
前期繰越	30,000		

第23章 本支店会計

問題111 本支店会計 解答用紙あり

解答…P.107 基本 応用

次の各取引について、本店と支店の仕訳をしなさい。

⑴ 本店は支店に現金1,000円を送金した。
⑵ 支店は本店の完成工事未収入金2,000円を現金で回収した。
⑶ 本店は支店の工事未払金3,000円を小切手を振り出して支払った。
⑷ 本店は支店に原価4,000円の材料を原価に20%の利益を加算した価格で送付した。
⑸ 支店は本店の営業費5,000円を現金で支払った。

問題112 本支店会計 解答用紙あり

解答…P.107 基本 応用

次の各取引について、未達側の仕訳をしなさい。

⑴ 支店は本店の完成工事未収入金6,000円を約束手形で回収したが、本店に未達である。
⑵ 本店で支店従業員の旅費交通費3,000円を支払ったが、支店に未達である。
⑶ 本店は支店に原価7,000円の材料を原価に10%の利益を加算した価格で送付したが、支店に未達である。

問題113　本支店会計　解答用紙あり

解答…P.107　基本　応用

次の設問に答えなさい。

(1)　次の資料にもとづいて、本支店合併貸借対照表の材料の金額を求めなさい。なお、本店は支店に材料を送付する際、原価に20%の利益を加算している。

[資料]

期末材料棚卸高は次のとおりである。

本店：56,000円

支店：34,000円（うち12,000円は本店より仕入れたものである）

(2)　次の資料にもとづいて、本支店合併貸借対照表の材料の金額を求めなさい。なお、本店は支店に材料を送付する際、原価に10%の利益を加算している。

[資料]

①　本店は支店に材料1,100円（振替価額）を送付したが、支店に連絡が未達である。

②　期末材料棚卸高は次のとおりである。

本店：82,000円

支店：48,000円（うち22,000円は本店より仕入れたものである。なお、上記①の未達材料は含まれていない）

問題114　本支店合併精算表　解答用紙あり

解答…P.108　基本　応用

次の資料にもとづいて、本支店合併精算表を作成しなさい。

[資料]

(1)　未達事項

①　本店から支店への材料発送高630円

②　支店から本店への送金高900円

③　支店で取り立てた本店の完成工事未収入金1,500円

④　本店で支払った支店の広告費810円

(2)　修正事項

①　本店は、支店に対し特注材料を原価に5％の利益を加算した価格で支給しており、支店は本店から支給された材料を、他社からの材料とともに「材料貯蔵品」勘定で受入、各工事で使用している。支店に関する資料は次のとおりである。

本店からの材料仕入分：6,930円

期末棚卸高：材料1,170円（うち本店仕入分945円）

未成工事支出金　材料費3,375円（うち本店仕入分2,835円）

完成工事原価　材料費3,780円（うち本店仕入分3,150円）

②　貸倒引当金は売上債権の期末残高に対し2％を設定しており、修正する。

③　法人税、住民税及び事業税は税引前当期純利益の30％とする。

論点別問題編

解答・解説

解答 1

(1)	資産の増加	**借方（左側）** ・ 貸方（右側）
(2)	資産の減少	借方（左側） ・ **貸方（右側）**
(3)	負債の増加	借方（左側） ・ **貸方（右側）**
(4)	負債の減少	**借方（左側）** ・ 貸方（右側）
(5)	純資産の増加	借方（左側） ・ **貸方（右側）**
(6)	純資産の減少	**借方（左側）** ・ 貸方（右側）
(7)	収益の増加（発生）	借方（左側） ・ **貸方（右側）**
(8)	収益の減少（消滅）	**借方（左側）** ・ 貸方（右側）
(9)	費用の増加（発生）	**借方（左側）** ・ 貸方（右側）
(10)	費用の減少（消滅）	借方（左側） ・ **貸方（右側）**

解答 2

現　　金

4/8	完成工事高	200	4/15	工事未払金	150
4/20	完成工事未収入金	450			

完成工事未収入金

4/8	完成工事高	400	4/20	現金	450

工事未払金

4/15	現金	150	4/5	材料	300

完成工事高

			4/8	諸口	600

相手科目が複数のときは「諸口」と記入します。

材　　料

4/5	工事未払金	300			

解答 3

	借方科目	金額	貸方科目	金額
(1)	現金過不足	50	現金	50
	現金	40	有価証券利息	40
(2)	通信費	30	現金過不足	30
(3)	雑損	20	現金過不足	20

解答 4

	借方科目	金額	貸方科目	金額
(1)	現金	100	現金過不足	100
(2)	現金過不足	70	完成工事未収入金	70
(3)	現金過不足	30	雑益	30

解答 5

	借方科目	金額	貸方科目	金額
(1)	当座預金	300	現金	300
(2)	工事未払金	200	当座預金	200

解答 6

	借方科目	金額	貸方科目	金額
(1)	現金	3,000	完成工事未収入金	3,000
(2)	工事未払金	3,000	現金	3,000

解答 7

借方科目	金額	貸方科目	金額
当座預金	55,000	完成工事未収入金	55,000

解答 8

	借方科目	金額	貸方科目	金額
(1)	工事未払金	150	当座預金 当座借越	100 50
(2)	当座借越 当座預金	50 200	現金	250

解答 9

借方科目	金額	貸方科目	金額
材料	2,600	当座預金 当座借越 現金	1,900 600 100

解説

勘定科目一覧に「当座借越」がある（「当座」がない）ので、二勘定制で処理すると判断します。なお、引取運賃は仕入原価に含めて処理します。

解答 10

	借方科目	金額	貸方科目	金額
(1)	仕訳なし			
(2)	工事未払金	9,000	当座預金	9,000
(3)	当座預金	5,000	工事未払金	5,000
(4)	当座預金	20,000	完成工事未収入金	20,000
(5)	仕訳なし			
(6)	仕訳なし			
(7)	当座預金	4,000	未払金	4,000

解説

(1)翌日入金（時間外預入）なので、修正仕訳は不要です。

(2)誤記入なので、修正仕訳が必要です。

①誤った仕訳：(工事未払金)　1,000　(当座預金)　1,000

②誤った仕訳の逆仕訳：(当座預金)　1,000　(工事未払金)　1,000

③正しい仕訳：(工事未払金)　10,000　(当座預金)　10,000

④修正仕訳（②＋③）：(工事未払金)　9,000　(当座預金)　9,000

(3)未渡小切手なので、修正仕訳が必要です。
(4)連絡未達（工事代金の入金）なので、修正仕訳が必要です。
(5)未取立小切手なので、修正仕訳は不要です。
(6)未取付小切手なので、修正仕訳は不要です。
(7)未渡小切手なので、修正仕訳が必要です。なお、広告費（費用）の支払いのために作成した小切手が未渡しなので、貸方は未払金（負債）で処理します。

解答 11

銀行勘定調整表（両者区分調整法）
×1年3月31日

（単位：円）

当社の帳簿残高		(1,760)	銀行の残高証明書残高		(1,770)
(加算)			(加算)		
((2)入金連絡未通知)	(100)		((1)時間外預入)	(200)	
((3)未渡小切手)	(300)	(400)	((5)未取立小切手)	(150)	(350)
(減算)			(減算)		
((6)誤記入)		(160)	((4)未取付小切手)		(120)
		(2,000)			(2,000)

解説

(1)翌日入金（時間外預入）は、当社では入金処理済みですが銀行では未処理なので、銀行の当座預金残高に加算します。なお、修正仕訳は不要です。
(2)完成工事未収入金の回収の連絡が当社に未達なので、当社の当座預金残高に加算します。なお、修正仕訳が必要です。

修正仕訳：	(当座預金)	100	(完成工事未収入金)	100

(3)未渡小切手は、当社で工事未払金を支払った処理をしていますが、実際には支払っていないので、当社の当座預金残高に加算します。なお、修正仕訳が必要です。

修正仕訳：	(当座預金)	300	(工事未払金)	300

(4)未取付小切手は、当社では工事未払金を支払った処理をしていますが、取引先が銀行に小切手を持ち込んでいないため、銀行の当座預金が減っていない状態です。したがって、銀行の当座預金残高を減算します。なお、修正仕訳は不要です。
(5)未取立小切手は、当社で完成工事未収入金を回収した処理をしているにもかかわらず、まだ銀行が取り立てていない（回収していない）ので、銀行の当座預金残高に加算します。なお、修正仕訳は不要です。
(6)本来、当座預金の減少として処理しなければならないところ、当座預金の増加として処理してしまっています。したがって、当社の当座預金残高を減算します。なお、修正仕訳が必要です。

①誤った仕訳：	(当座預金)	80	(備品)	80
②誤った仕訳の逆仕訳：	(備品)	80	(当座預金)	80
③正しい仕訳：	(備品)	80	(当座預金)	80
④修正仕訳（②＋③）：	(備品)	160	(当座預金)	160

解答 12

	借方科目	金額	貸方科目	金額
(1)	前渡金	500	現金	500
(2)	材料	3,000	前渡金 工事未払金	500 2,500
(3)	現金	500	未成工事受入金	500
(4)	未成工事受入金 完成工事未収入金	500 2,500	完成工事高	3,000

解答 13

	借方科目	金額	貸方科目	金額
(1)	材料	70,000	前渡金 当座預金	10,000 60,000
(2)	未成工事受入金 完成工事未収入金	20,000 40,000	完成工事高	60,000

解説

(1)手付金を支払ったときに前渡金（資産）の増加として処理しているので、材料を仕入れたときには**前渡金（資産）の減少**として処理します。

(2)手付金を受け取ったときに未成工事受入金（負債）の増加として処理しているので、工事を完了し引き渡したときには**未成工事受入金（負債）の減少**として処理します。

解答 14

	借方科目	金額	貸方科目	金額
(1)	工事未払金	100	材料	100
(2)	工事未払金	250	材料	250

解答 15

	借方科目	金額	貸方科目	金額
(1)	材料	2,100	工事未払金	2,000
			現金	100
(2)	工事未払金	500	材料	500
(3)	工事未払金	50	材料	50
(4)	材料	5,000	工事未払金	5,000
(5)	工事未払金	5,000	仕入割引	100*
			当座預金	4,900

＊ 5,000円×２％＝100円

解答 16

	借方科目	金額	貸方科目	金額
(1)	材料	500	支払手形	500
(2)	支払手形	500	当座預金	500

解答 17

	借方科目	金額	貸方科目	金額
(1)	受取手形	800	完成工事未収入金	800
(2)	当座預金	800	受取手形	800

解答 18

借方科目	金額	貸方科目	金額
支払手形	2,000	完成工事未収入金	3,000
受取手形	1,000		

解説

自社が過去に振り出した支払手形を回収した場合、「支払手形」を減少させます。

解答 19

	借方科目	金額	貸方科目	金額
(1)	建物	3,000,000	当座預金	400,000
			営業外支払手形	2,600,000
(2)	営業外受取手形	2,250,000	土地	1,800,000
			土地売却益	450,000

解答 20

	借方科目	金額	貸方科目	金額
(1)	工事未払金	400	完成工事未収入金	400
(2)	仕訳なし			

解説

(1)工事未払金を支払うために為替手形を振り出したので、**工事未払金（負債）の減少**として処理します。また、為替手形の振り出しによって、埼玉物産に対する**完成工事未収入金（資産）が減少**します。

(2)為替手形が決済されたときの振出人の処理はありません。

解答 21

	借方科目	金額	貸方科目	金額
(1)	受取手形	400	完成工事未収入金	400
(2)	当座預金	400	受取手形	400

解説

(1)為替手形を**受け取っている**ので、**受取手形（資産）の増加**として処理します。

解答 22

	借方科目	金額	貸方科目	金額
(1)	工事未払金	400	支払手形	400
(2)	支払手形	400	当座預金	400

解説

(1)為替手形を**引き受けた**ので、**支払手形（負債）の増加**として処理します。

解答 23

	借方科目	金額	貸方科目	金額
(1)	材料	700	受取手形	700
(2)	受取手形	700	完成工事高	700

解答 24

	借方科目	金額	貸方科目	金額
(1)	受取手形	900	完成工事高	900
(2)	当座預金 手形売却損	850 50	受取手形	900

解答 25

	借方科目	金額	貸方科目	金額
(1)	不渡手形	150,000	受取手形	150,000
(2)	不渡手形	120,000	当座預金	120,000

解答 26

	借方科目	金額	貸方科目	金額
(1)	手形貸付金	800	現金	800
(2)	現金	810	手形貸付金 受取利息	800 10

解答 27

	借方科目	金額	貸方科目	金額
(1)	現金	800	手形借入金	800
(2)	手形借入金 支払利息	800 10	現金	810

解答 28

	借方科目	金額	貸方科目	金額
(1)	貸付金	1,000	現金	1,000
(2)	現金	1,020	貸付金	1,000
			受取利息	20

解説

(2)受取利息：1,000円×３％×$\frac{8カ月}{12カ月}$＝20円

解答 29

	借方科目	金額	貸方科目	金額
(1)	現金	3,000	借入金	3,000
(2)	借入金	3,000	現金	3,015
	支払利息	15		

解説

(2)支払利息：3,000円×２％×$\frac{3カ月}{12カ月}$＝15円

解答 30

	借方科目	金額	貸方科目	金額
(1)	機械	3,000	未払金	3,000
(2)	未払金	3,000	当座預金	3,000

解答 31

	借方科目	金額	貸方科目	金額
(1)	未収入金	3,600	機械	3,600
(2)	現金	3,600	未収入金	3,600

解答 32

	借方科目	金額	貸方科目	金額
(1)	材料	4,000	工事未払金	4,000
	立替金	100	現金	100
(2)	立替金	500	現金	500
(3)	賃金	8,000	立替金	500
			現金	7,500

※(1)は以下の仕訳でも可

(1)	(材料)	4,000	(工事未払金)	3,900
			(現金)	100

解答 33

	借方科目	金額	貸方科目	金額
(1)	賃金	5,000	預り金	500
			現金	4,500
(2)	預り金	500	当座預金	500

解答 34

	借方科目	金額	貸方科目	金額
(1)	立替金	8,000	当座預金	8,000
(2)	預り金	7,000	当座預金	7,000

解説

(1)従業員が負担すべき金額を当社が支払った（立て替えた）ときは、**立替金（資産）の増加**として処理します。なお、賃金はまだ支払っていないので、賃金の支払いに関する処理はしません。

(2)源泉徴収税額は、賃金を支払った（源泉徴収した）ときに預り金（負債）の増加として処理しているので、税務署に納付したときは**預り金（負債）の減少**として処理します。

解答 35

	借方科目	金額	貸方科目	金額
(1)	仮払金	5,000	現金	5,000
(2)	旅費	6,000	仮払金	5,000
			現金	1,000
(3)	当座預金	3,000	仮受金	3,000
(4)	仮受金	3,000	完成工事未収入金	3,000

解答 36

借方科目	金額	貸方科目	金額
仮受金	11,000	前受金	5,000
		完成工事未収入金	6,000

解説

仮受額の内容判明時には**仮受金（負債）**を減らします。また、注文を受けたときの手付金は**前受金（負債）**で処理します。

解答 37

	借方科目	金額	貸方科目	金額
(1)	当座預金	300,000	借入金	300,000
(2)	支払利息	4,500	未払利息	4,500
(3)	未払利息	4,500	支払利息	4,500

解説

(2)借り入れてから決算日まで３カ月が経過しているので、この期間に対応する利息は当期の費用に計上しなければなりませんが、いまだ利息は払っていないので、貸方は「未払利息(負債)」となります。

（注）当期分（３カ月）の利息の計算

$$支払利息：300,000円 \times 6\% \times \frac{3カ月}{12カ月} = 4,500円$$

解答 38

	借方科目	金額	貸方科目	金額
(1)	前払家賃	100	支払家賃	100
(2)	受取利息	400	前受利息	400
(3)	支払保険料	200	未払保険料	200
(4)	未収地代	80	受取地代	80

解説

(2)次期分の受取利息：600円×$\frac{4カ月}{6カ月}$＝400円

解答 39

	借方科目	金額	貸方科目	金額
(1)	有価証券	2,020	現金	2,020
(2)	現金	15	受取配当金	15
(3)	現金	990	有価証券	1,010
	有価証券売却損	20		
(4)	有価証券	10	有価証券評価益	10

解説

(1)売買手数料などの付随費用は有価証券の取得原価に含めて処理します。
売買目的有価証券：@100円×20株＋20円＝2,020円

(3)減少する売買目的有価証券（帳簿価額）：@101円×10株＝1,010円
売却価額：@99円×10株＝990円
貸借差額：990円－1,010円＝△20円（有価証券売却損）
売却価額　帳簿価額

(4)有価証券の帳簿価額（@101円）を時価（@102円）にするため、差額@1円（@102円－@101円）だけ、**有価証券（資産）を増加**させます。なお、帳簿価額よりも時価が高いので、相手科目は**有価証券評価益（収益）**として処理します。
評価差額：（@102円－@101円）×10株＝10円（有価証券評価益）
時価　帳簿価額

解答 40

	借方科目	金額	貸方科目	金額
(1)	有価証券	2,850	現金	2,850
(2)	現金	20	有価証券利息	20
(3)	現金	2,880	有価証券	2,850
			有価証券売却益	30

解説

(1)購入口数：3,000円÷@100円＝30口

売買目的有価証券（取得原価）：@94円×30口＋30円＝2,850円

(3)減少する売買目的有価証券（帳簿価額）：2,850円

売却価額：@96円×30口＝2,880円

貸借差額：2,880円－2,850円＝30円（有価証券売却益）

売却価額　帳簿価額

解答 41

	借方科目	金額	貸方科目	金額
(1)	有価証券	80,400	現金	80,400
(2)	当座預金	58,200	有価証券	57,300
			有価証券売却益	900

解説

(1)売買目的有価証券：@400円×200株＋400円＝80,400円

(2)売却口数：60,000円÷@100円＝600口

減少する売買目的有価証券（帳簿価額）：@95.5円×600口＝57,300円

売却価額：@97円×600口＝58,200円

貸借差額：58,200円－57,300円＝900円（有価証券売却益）

売却価額　帳簿価額

解答 42

	借方科目	金額	貸方科目	金額
(1)	投資有価証券	38,400[*1]	未払金	38,400
(2)	現金	80	有価証券利息	80
(3)	投資有価証券	400[*2]	有価証券利息	400

*1　購入口数：$\frac{40{,}000円}{@100円} = 400口$

　　@96円×400口＝38,400円

*2　金利調整差額：40,000円－38,400円＝1,600円

　　当期償却分：$\frac{1{,}600円}{4年} = 400円$

解説

(3)債券金額（額面金額）よりも低い価額で取得しているので、金利調整差額を満期保有目的債券の帳簿価額に加算します。なお、相手科目は**有価証券利息（収益）**で処理します。

解答 43

	借方科目	金額	貸方科目	金額
(1)	現金	49,620[*3]	有価証券	48,000[*1]
			有価証券利息	1,120[*2]
			有価証券売却益	500[*4]
(2)	有価証券	58,800[*5]	当座預金	59,460[*7]
	有価証券利息	660[*6]		

*1　売却口数：$\frac{50{,}000円}{@100円} = 500口$

　　帳簿価額：@96円×500口＝48,000円

*2　端数利息：$50{,}000円 \times 7.3\% \times \frac{31日(7月)+31日(8月)+30日(9月)+20日(10月)}{365日} = 1{,}120円$

*3　売却価額：@97円×500口＝48,500円

　　受取金額：48,500円＋1,120円＝49,620円

*4　貸借差額

*5　購入口数：$\frac{60{,}000円}{@100円} = 600口$

　　取得原価：@98円×600口＝58,800円

*6　端数利息：$60{,}000円 \times 7.3\% \times \frac{30日(4月)+25日(5月)}{365日} = 660円$

*7　借方合計

解答 44

	借方科目	金額	貸方科目	金額
(1)	子会社株式評価損	900,000	子会社株式	900,000
(2)	関連会社株式評価損	765,000	関連会社株式	765,000
(3)	仕訳なし			

解説

(1)強制評価減

市場価格のある有価証券について、時価が著しく下落したときは、回復する見込みがあると認められる場合を除き、時価で評価します。

評価損：(@500円－@200円) × 3,000株＝900,000円

(2)実価法

市場価格のない有価証券のうち、株式について、当該会社の財政状態を反映する株式の実質価額が著しく下落したときは、相当の減額をします。

1株あたりの純資産額：(6,000,000円－4,300,000円) ÷ 5,000株＝@340円

評価損：(@850－@340円) × 1,500株＝765,000円

(3)時価を把握することが極めて困難と認められる有価証券

期末評価は、株式は取得原価で、社債その他の債券は取得原価または償却原価で評価します。

解答 45

	借方科目	金額	貸方科目	金額
(1)	備品	200,000	当座預金	200,000
(2)	減価償却費	40,000*1	減価償却累計額	40,000
(3)	減価償却費	32,000*2	減価償却累計額	32,000
(4)	減価償却費	25,600*3	減価償却累計額	25,600

*1 (200,000円－0円) × 20%＝40,000円

*2 (200,000円－40,000円) × 20%＝32,000円

*3 {200,000円－(40,000円＋32,000円)} × 20%＝25,600円

解答 46

借方科目	金額	貸方科目	金額
減価償却費	172,650	建物減価償却累計額	8,400[*1]
		備品減価償却累計額	56,250[*2]
		車両減価償却累計額	108,000[*3]

*1　既存建物：500,000円－100,000円＝400,000円

$$\frac{400{,}000\text{円} - \overbrace{400{,}000\text{円} \times 10\%}^{40{,}000\text{円}}}{50\text{年}} = 7{,}200\text{円}$$

新建物（1年分）：

$$\frac{100{,}000\text{円} - \overbrace{100{,}000\text{円} \times 10\%}^{10{,}000\text{円}}}{50\text{年}} = 1{,}800\text{円}$$

（当期分）：

$$1{,}800\text{円} \times \frac{8\text{カ月}(\times 3\text{年}8/1 \sim \times 4\text{年}3/31)}{12\text{カ月}} = 1{,}200\text{円}$$

合　　計：7,200円＋1,200円＝8,400円

*2　（300,000円－75,000円）×25%＝56,250円

*3

$$(400{,}000\text{円} - \overbrace{400{,}000\text{円} \times 10\%}^{40{,}000\text{円}}) \times \frac{3{,}000\,\text{km}}{10{,}000\,\text{km}} = 108{,}000\text{円}$$

解答 47

平均耐用年数	7　年

解説

機械X：300,000円÷6年＝　50,000円
機械Y：400,000円÷8年＝　50,000円
機械Z：700,000円÷7年＝ 100,000円
　　　1年分の減価償却費合計　200,000円

平均耐用年数＝要償却額合計÷1年分の減価償却費合計
　　　　　　＝（300,000円＋400,000円＋700,000円）÷200,000円
　　　　　　＝7（年）

解答 48

問１　6年　　問２　420,000円

	借方科目	金額	貸方科目	金額
問３	機械減価償却累計額	360,000	機械	400,000
	貯蔵品	40,000		

解説

問１　平均耐用年数

	要償却額	１年分の減価償却費
A機械	400,000円×0.9＝　360,000円	360,000円÷３年＝120,000円
B機械	800,000円×0.9＝　720,000円	720,000円÷６年＝120,000円
C機械	1,600,000円×0.9＝1,440,000円	1,440,000円÷８年＝180,000円
合　計	2,520,000円	420,000円

平均耐用年数：$\frac{2,520,000\text{円}}{420,000\text{円}} = 6\text{年}$

問２　総合償却による減価償却費の計算

減価償却費：$\frac{2,520,000\text{円}}{6\text{年}} = 420,000\text{円}$

問３　A機械の除却

総合償却は個々の固定資産の未償却残高を把握しないので、一部の資産を除却したときは、（要償却額をすべて償却したものとして）残存価額を貯蔵品勘定に振り替えます。

減価償却累計額：400,000円×0.9＝360,000円
貯　　蔵　　品：400,000円×0.1＝　40,000円

解答 49

借方科目	金額	貸方科目	金額
現金	140,000*1	備品	400,000
未収入金	140,000*1		
備品減価償却累計額	100,000*2		
減価償却費	12,500*3		
固定資産売却損	7,500*4		

*1　280,000円÷２＝140,000円

*2　１年分の減価償却費：$\frac{400,000\text{円}}{8\text{年}} = 50,000\text{円}$

期首の減価償却累計額：50,000円×２年＝100,000円

*3　当期分の減価償却費：$50{,}000\text{円}\times\frac{3\text{カ月}(\times 3\text{年}4/1\sim 6/30)}{12\text{カ月}}=12{,}500\text{円}$

*4　貸借差額

解説

購入日が期首から２年前なので、２年分の減価償却累計額を計算します。また、期中売却のため、当期分（×3年4月1日から6月30日までの３カ月分）の減価償却費を計上します。

解答 50

	借方科目	金額	貸方科目	金額
(1)	車両	600,000	車両	500,000
	減価償却累計額	300,000	現金	480,000
	固定資産売却損	80,000		
(2)	車両	800,000	車両	600,000
	減価償却累計額	292,800	未払金	560,000
	減価償却費	15,360		
	固定資産売却損	51,840		

解説

(1)①旧車両の売却の仕訳

（減価償却累計額）300,000　（車　　両）500,000
（現　　　　金）120,000
（固定資産売却損）80,000

②新車両の購入の仕訳

（車　　　　両）600,000　（現　　金）600,000

上記の①と②の仕訳をあわせた仕訳が解答の仕訳です。

(2)①旧車両の売却の仕訳

（減価償却累計額）292,800　（車　　両）600,000
（減 価 償 却 費）15,360*
（現　　　　金）240,000
（固定資産売却損）51,840

$*\ (600{,}000\text{円}-292{,}800\text{円})\times 20\%\times\frac{3\text{カ月}(\times 5\text{年}4/1\sim\times 6/30)}{12\text{カ月}}=15{,}360\text{円}$

②新車両の購入の仕訳

（車　　　　両）800,000　（現　　金）240,000
　　　　　　　　　　　　（未　払　金）560,000

上記の①と②の仕訳をあわせた仕訳が解答の仕訳です。

解答 51

	借方科目	金額	貸方科目	金額
(1)	減価償却累計額	90,000	備品	130,000
	貯蔵品	30,000		
	固定資産除却損	10,000		
(2)	固定資産廃棄損	42,000	機械	40,000 *
			現金	2,000

* 直接法のため、帳簿価額40,000円（240,000円－200,000円）を減らします。

解答 52

借方科目	金額	貸方科目	金額
備品減価償却累計額	120,000*1	備品	200,000
減価償却費	40,000*2		
貯蔵品	30,000		
固定資産除却損	10,000*3		

*1　1年分の減価償却費：$\frac{200{,}000\text{円}}{5\text{年}} = 40{,}000\text{円}$

期首の減価償却累計額：40,000円×3年＝120,000円

*2　当期分の減価償却費（1年分）：40,000円

*3　貸借差額

解説

購入日（×4年4月1日）が当期首（×7年4月1日）から3年前なので、3年分の減価償却累計額を計算します。また、期末除却のため、当期分（×7年4月1日から×8年3月31日まで）の減価償却費を計上します。

解答 53

	借方科目	金額	貸方科目	金額
(1)	建設仮勘定	100,000	当座預金	100,000
(2)	建物	900,000	建設仮勘定	100,000
			未払金	800,000

解答 54

借方科目	金額	貸方科目	金額
建物	750,000	建設仮勘定	50,000
		当座預金	700,000

解答 55

借方科目	金額	貸方科目	金額
建物	150,000	当座預金	200,000
修繕費	50,000		

解答 56

	借方科目	金額	貸方科目	金額
(1)	減価償却累計額	500,000	建物	800,000
	火災未決算	300,000		
(2)	未収入金	400,000	火災未決算	300,000
			保険差益	100,000
(3)	減価償却累計額	500,000	建物	800,000
	火災損失	300,000		

解答 57

	借方科目	金額	貸方科目	金額
(1)	未収入金	300,000	未決算	368,000
	火災損失	68,000		
(2)	未収入金	400,000	未決算	368,000
			保険差益	32,000

解説

焼失時（期首）の仕訳：(建物減価償却累計額)　432,000*　(建　　　物)　800,000
　　　　　　　　　　　(未　決　算)　368,000

＊　1年分の減価償却費：$\dfrac{800,000\text{円} - 80,000\text{円}}{20\text{年}} = 36,000\text{円}$

期首の減価償却累計額：36,000円×12年＝432,000円

以上より、保険金額の確定時には、未決算368,000円を減らします。なお、(1)では、仕訳

の貸借差額が借方に生じる（未決算＞保険金額）ため、貸借差額は**火災損失（費用）**として処理します。

逆に、(2)では、貸借差額が貸方に生じる（未決算＜保険金額）ため、貸借差額は**保険差益（収益）**として処理します。

解答 58

借方科目	金額	貸方科目	金額
当座預金	10,000	工事未払金	27,000
完成工事未収入金	20,000	借入金	23,000
土地	50,000	資本金	35,000*1
のれん	5,000*2		

*1　@50円×700株＝35,000円

*2　貸借差額

解答 59

	借方科目	金額	貸方科目	金額
(1)	特許権	16,000	当座預金	16,000
(2)	特許権償却	2,000*1	特許権	2,000
	のれん償却	1,000*2	のれん	1,000

*1　16,000円÷8年＝2,000円

*2　20,000円÷20年＝1,000円

解答 60

	借方科目	金額	貸方科目	金額
(1)	特許権償却	67,500	特許権	67,500
(2)	仕訳なし			
(3)	のれん償却	20,000	のれん	20,000

解説

無形固定資産の償却

・借地権については、通常、償却を行いません。

・のれんは、早期償却の観点から、20年以内に償却します。

(3)のれん償却：400,000円÷20年＝20,000円

・上記以外の無形固定資産は、通常、残存価額をゼロとして月割償却します。

(1)特許権償却：$648{,}000円 \times \dfrac{10カ月(6月\sim3月)}{8年 \times 12カ月} = 67{,}500円$

解答 61

		借方科目	金額	貸方科目	金額
(1)	①	当座預金	120,000	資本金	120,000[*1]
		創立費	2,000	現金	2,000
	②	創立費償却	400[*2]	創立費	400
(2)	①	株式交付費	3,600	現金	3,600
	②	株式交付費償却	800[*3]	株式交付費	800

*1　@600円×200株＝120,000円

*2　$2{,}000円 \times \dfrac{12カ月}{5年 \times 12カ月} = 400円$

*3　1年分の償却額：3,600円÷3年＝1,200円

当期の償却額：$1{,}200円 \times \dfrac{8カ月(\times1年8/1\sim\times2年3/31)}{12カ月} = 800円$

解説

会社設立時の株式発行費用は**創立費**、増資時の株式発行費用は**株式交付費**で処理します。

解答 62

	借方科目	金額	貸方科目	金額
①	創立費償却	500,000	創立費	500,000
②	開業費償却	500,000	開業費	500,000
③	開発費償却	200,000	開発費	200,000
④	株式交付費償却	60,000	株式交付費	60,000
⑤	社債発行費償却	120,000	社債発行費	120,000

創立費	0円	株式交付費	120,000円
開業費	500,000円	社債発行費	240,000円
開発費	400,000円		

解説

各繰延資産項目の残高を、残存償却期間に応じて償却します。

創立費償却：当期は設立5期目のため、全額償却します。

開業費償却：1,000,000円÷2年（当期、次期）＝500,000円

開発費償却：600,000円÷３年（当期、次期、次々期）＝200,000円
株式交付費償却：180,000円÷３年＝60,000円
社債発行費償却：360,000円÷３年＝120,000円

解答 63

借方科目	金額	貸方科目	金額
貸倒引当金	150,000	完成工事未収入金	200,000
貸倒損失	50,000		

解答 64

	借方科目	金額	貸方科目	金額
(1)	貸倒損失	500	完成工事未収入金	500
(2)	貸倒引当金	300	完成工事未収入金	500
	貸倒損失	200		
(3)	貸倒引当金繰入	12	貸倒引当金	12
(4)	貸倒引当金	8	貸倒引当金戻入	8
(5)	現金	300	償却債権取立益	300

解説

(1)当期に発生した完成工事未収入金が貸し倒れたときは、**貸倒損失（費用）**として処理します。
(2)前期以前に発生した完成工事未収入金が貸し倒れたときは、貸倒引当金（300円）を取り崩し、貸倒引当金を超える貸倒額200円（500円－300円）については**貸倒損失（費用）**として処理します。
(3)①貸倒引当金の設定額：(800円＋200円)×２％＝20円
②貸倒引当金の期末残高：８円
③当期の計上額：差額12円（20円－８円）を貸倒引当金に加算 → 貸方
(4)①貸倒引当金の設定額：(400円＋300円)×２％＝14円
②貸倒引当金の期末残高：22円
③当期の計上額：差額８円（14円－22円）を貸倒引当金から減算 → 借方
(5)前期（以前）に貸倒処理した債権を回収したときは、**償却債権取立益（収益）**で処理します。

解答 65

	借方科目	金額	貸方科目	金額
(1)	未成工事支出金	120,000	完成工事補償引当金	120,000
(2)	完成工事補償引当金	600,000	材料 未払金	460,000 140,000

解説

(1)繰入額：完成工事高24,000,000円×２％－360,000円＝120,000円
(2)すでに引き渡した資産について補修工事を行った場合、支出額を完成工事補償引当金勘定でてん補します。

解答 66

	借方科目	金額	貸方科目	金額
(1)	未成工事支出金	80,000	完成工事補償引当金	80,000
(2)	完成工事補償引当金	222,000	材料 未払金	150,000 72,000
(3)	完成工事補償引当金 前期工事補償費	420,000 56,000	材料 未払金	320,000 156,000

解説

(1)繰入額：完成工事高17,000,000円×２％－260,000円＝80,000円
(3)補修工事にともなう支出額（320,000円＋156,000円＝476,000円）が引当金の残高（420,000円）を上回る場合には、差額（476,000円－420,000円＝56,000円）を**前期工事補償費**（費用）で処理します。

解答 67

	借方科目	金額	貸方科目	金額
(1)	退職給付費用 (退職給付引当金繰入額)	10,000	退職給付引当金	10,000
(2)	退職給付引当金	3,000	現金	3,000

解答 68

	借方科目	金額	貸方科目	金額
(1)	修繕引当金繰入	3,000	修繕引当金	3,000
(2)	修繕引当金	3,000	当座預金	5,000
	修繕費	2,000		
(3)	建物	3,000	当座預金	10,000
	修繕引当金	5,000		
	修繕費	2,000		

解説

(3)資本的支出は、固定資産の取得原価に加算します。

解答 69

		借方科目	金額	貸方科目	金額
(1)		当座預金	19,200	社債	19,200[*1]
		社債発行費	480	現金	480
(2)		社債利息	200[*2]	当座預金	200
(3)	①	社債利息	150	社債	150[*3]
	②	社債発行費償却	90[*4]	社債発行費	90
	③	社債利息	100[*5]	未払社債利息	100
(4)		社債利息	250[*6]	社債	50
		社債	20,000	当座預金	20,200[*7]
		社債発行費償却	30	社債発行費	30

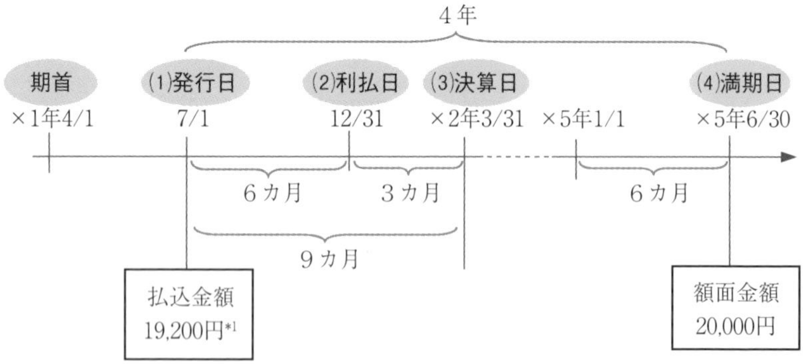

*1　@96円×200口 = 19,200円
　　（200口：$\frac{20{,}000円}{@100円}$）

*2　$20{,}000円 \times 2\% \times \frac{6カ月（×1年7/1〜12/31）}{12カ月} = 200円$

*3　金利調整差額：20,000円－19,200円＝800円
社債の帳簿価額の調整額（１年分）：800円÷４年＝200円
（当期分）：$200円 \times \frac{9カ月（×1年7/1〜2年3/31）}{12カ月} = 150円$

*4　社債発行費の償却額（１年分）：480円÷４年＝120円
（当期分）：$120円 \times \frac{9カ月（×1年7/1〜2年3/31）}{12カ月} = 90円$

*5　社債利息の見越計上：$20{,}000円 \times 2\% \times \frac{3カ月（×2年1/1〜3/31）}{12カ月} = 100円$

*6　社債利息：$20{,}000円 \times 2\% \times \frac{6カ月（×5年1/1〜6/30）}{12カ月} = 200円$

50円＋200円＝250円

*7　20,000円＋200円＝20,200円
（20,000円：社債の償還金額　200円：社債利息）

解答 70

借方科目	金額	貸方科目	金額
社債利息	120	社債	120*1
社債	29,640*2	現金	29,700*3
社債償還損	60*4		

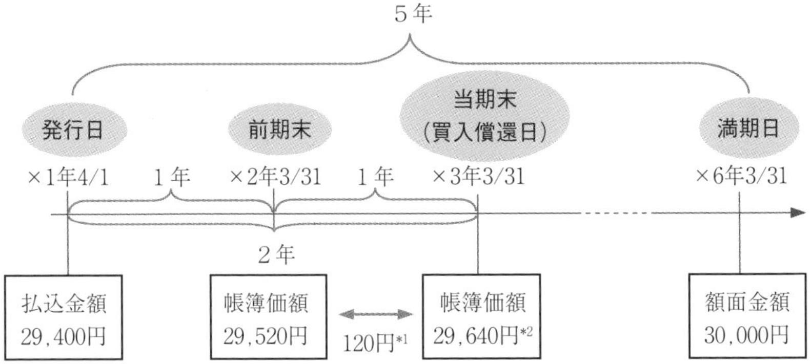

*1　社債の払込金額：@98円×300口 = 29,400円
　　（300口：$\frac{30{,}000円}{@100円}$）

金利調整差額：30,000円－29,400円＝600円
社債の帳簿価額の調整額（当期分）：600円÷５年＝120円

*2　前期末の社債の帳簿価額：29,400円＋120円＝29,520円
当期末（買入償還時）の社債の帳簿価額：29,520円＋120円＝29,640円

*3　社債の買入金額：@99円×300口＝29,700円

*4　貸借差額

解答 71

	借方科目	金額	貸方科目	金額
(1)	当座預金	240,000	資本金	240,000[*1]
(2)	当座預金	320,000	資本金	160,000[*2]
			資本準備金	160,000[*2]

*1　@800円×300株＝240,000円

*2　@800円×400株×$\frac{1}{2}$＝160,000円

解答 72

	借方科目	金額	貸方科目	金額
(1)	別段預金	200,000	新株式申込証拠金	200,000[*1]
(2)	新株式申込証拠金	200,000	資本金	100,000[*2]
			資本準備金	100,000[*2]
	当座預金	200,000	別段預金	200,000

*1　@500円×400株＝200,000円

*2　200,000円×$\frac{1}{2}$＝100,000円

解答 73

	借方科目	金額	貸方科目	金額
(1)	損益	300,000	繰越利益剰余金	300,000
(2)	繰越利益剰余金	100,000	損益	100,000

解答 74

	借方科目	金額	貸方科目	金額
(1)	損益	200,000	繰越利益剰余金	200,000
(2)	繰越利益剰余金	138,000	未払配当金	80,000
			利益準備金	8,000
			別途積立金	50,000
(3)	未払配当金	80,000	当座預金	80,000

解答 75

	借方科目	金額	貸方科目	金額
(1)	繰越利益剰余金	2,020,000	未払配当金	1,200,000
			利益準備金	120,000*1
			別途積立金	700,000
(2)	繰越利益剰余金	1,600,000	未払配当金	1,100,000
			利益準備金	100,000*2
			別途積立金	400,000

*1 ① 10,000,000円 × $\frac{1}{4}$ − (1,000,000円 + 500,000円) = 1,000,000円
資本金　資本準備金　利益準備金
② 1,200,000円 × $\frac{1}{10}$ = 120,000円
株主配当金
→ 小さい金額 → 120,000円

*2 ① 10,000,000円 × $\frac{1}{4}$ − (1,500,000円 + 900,000円) = 100,000円
資本金　資本準備金　利益準備金
② 1,100,000円 × $\frac{1}{10}$ = 110,000円
株主配当金
→ 小さい金額 → 100,000円

解答 76

	借方科目	金額	貸方科目	金額
(1)	資本金	1,000,000	その他資本剰余金	1,000,000
(2)	資本準備金	500,000	その他資本剰余金	500,000
(3)	利益準備金	300,000	繰越利益剰余金	300,000
(4)	資本準備金	150,000	繰越利益剰余金	250,000
	利益準備金	100,000		

解答 77

借方科目	金額	貸方科目	金額
資本金	5,000	当座預金	4,800
		減資差益	200

解説

減資差益は純資産（その他資本剰余金）の項目です。

解答 78

	借方科目	金額	貸方科目	金額
(1)	租税公課	2,000	現金	2,000
(2)	租税公課	500	現金	500

解答 79

	借方科目	金額	貸方科目	金額
(1)	仮払法人税等	2,600[*1]	当座預金	2,600
(2)	法人税等	5,000	仮払法人税等	2,600
			未払法人税等	2,400[*2]
(3)	未払法人税等	2,400	当座預金	2,400

*1　2,000円＋500円＋100円＝2,600円

*2　貸借差額

解答 80

（A）税抜方式

	借方科目	金額	貸方科目	金額
(1)	材料	1,000	現金	1,100
	仮払消費税	100		
(2)	現金	4,400	完成工事高	4,000
			仮受消費税	400
(3)	仮受消費税	400	仮払消費税	100
			未払消費税	300
(4)	未払消費税	300	現金	300

(B) 税込方式

	借方科目	金額	貸方科目	金額
(1)	材料	1,100	現金	1,100
(2)	現金	4,400	完成工事高	4,400
(3)	租税公課	300	未払消費税	300
(4)	未払消費税	300	現金	300

解答 81

①	直接労務費	②	140[*1]	③	340[*2]
④	600[*3]	⑤	工事原価	⑥	総原価

*1　600円[*3] − 240円 − 200円 − 20円 = 140円

*2　1,300円 − 960円 = 340円

*3　760円 − 160円 = 600円

解答 82

①	1,000円[*1]	②	424円[*2]	③	1,424円[*3]
④	1,840円[*4]	⑤	416円[*5]		

*1　400円 + 240円 + 320円 + 40円 = 1,000円

*2　80円 + 64円 + 280円 = 424円

*3　*1 + *2 = 1,424円

*4　2,000円 − 160円 = 1,840円

*5　*4 − *3 = 416円

解答 83

	借方科目	金額	貸方科目	金額
(1)	材料	1,000[*1]	工事未払金	1,000
(2)	材料	4,050	工事未払金 現金	4,000[*2] 50
(3)	工事未払金	100	材料	100[*3]
(4)	材料	3,000[*4]	工事未払金	3,000
(5)	未成工事支出金 工事間接費	1,800[*5] 600[*6]	材料	2,400

*1　@10円 × 100kg = 1,000円

*2　@20円 × 200kg = 4,000円

*3　@10円 × 10kg = 100円

*4　@60円 × 50個 = 3,000円

*5　@60円 × 30個 = 1,800円

*6　@60円 × 10個 = 600円

解答 84

(1) 先入先出法　77,600円

(2) 移動平均法　77,290円

(3) 総 平 均 法　77,000円

解説

(1)先入先出法

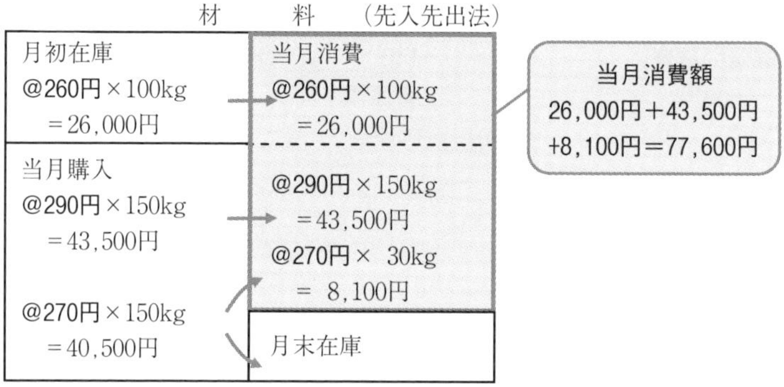

(2)移動平均法

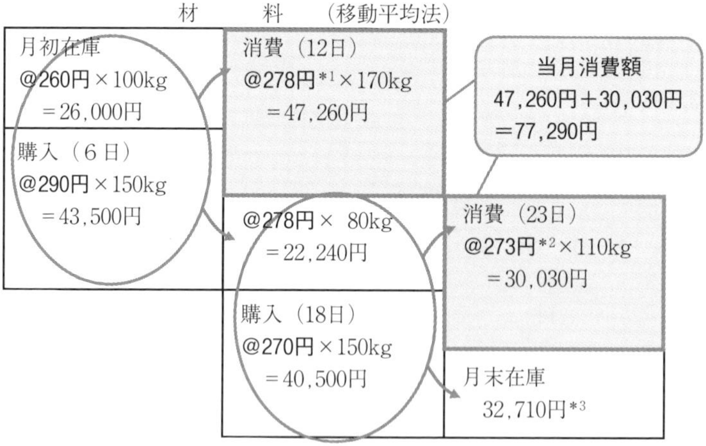

*1　(26,000円 + 43,500円) ÷ (100kg + 150kg) = @278円

*2　(22,240円 + 40,500円) ÷ (80kg + 150kg) = 272.78…→@273円(指示により、円未満四捨五入)

*3　四捨五入した払出単価を用いると金額が合わないため差額で求めます。
(22,240円 + 40,500円) − 30,030円 = 32,710円

(3)総平均法

総平均単価：$\dfrac{26{,}000\text{円} + 43{,}500\text{円} + 40{,}500\text{円}}{100\text{kg} + 150\text{kg} + 150\text{kg}} = @275\text{円}$

材　　料　　(総平均法)

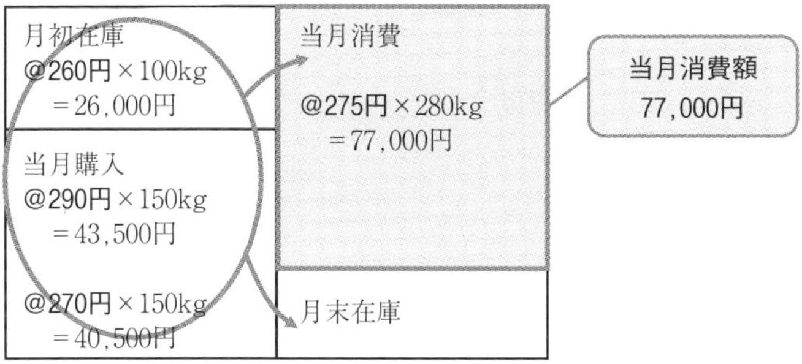

解答 85

借　方　科　目	金　　額	貸　方　科　目	金　　額
棚　卸　減　耗　損	360	材　　　　料	360*

＊　@120円×(50kg－47kg)＝360円

解説

材料の棚卸減耗損は**棚卸減耗損**として処理します。

解答 86

	借　方　科　目	金　　額	貸　方　科　目	金　　額
(1)	未成工事支出金 工　事　間　接　費	52,000 4,000	材　　　　料	56,000
(2)	未成工事支出金 材　料　評　価　損	400 384	材　　　　料	784

材　料

前月繰越	6,000	(1)未成工事支出金	52,000
材料仕入帳より	60,000	(1)工事間接費	4,000
		(2)未成工事支出金	400
		(2)材料評価損	384
		次月繰越	9,216
	66,000		66,000
前月繰越	9,216		

解説

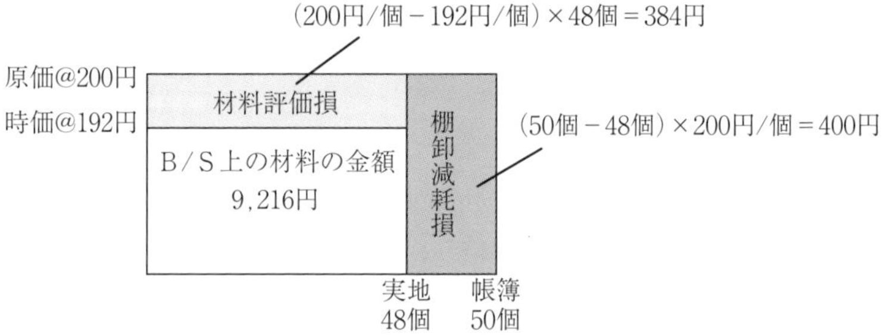

棚卸減耗損（200円で購入した材料が何個不足しているか）を計算してから、材料評価損（残っている材料の単価がいくら下がったか）を計算しましょう。

なお、棚卸減耗損は問題文の指示により「未成工事支出金」で処理します。

解答 87

当月の賃金消費額　190,000円

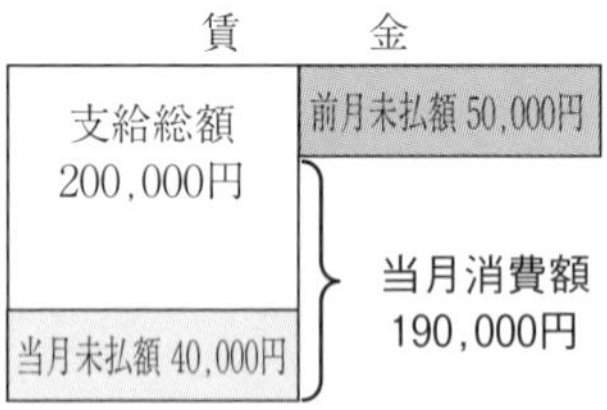

解答 88

	借方科目	金額	貸方科目	金額
(1)	未払賃金	20,000	賃金	20,000
(2)	賃金	300,000	預り金	40,000
			現金	260,000
(3)	未成工事支出金	200,000	賃金	330,000
	工事間接費	130,000		
(4)	賃金	50,000	未払賃金	50,000

解答 89

	借方科目	金額	貸方科目	金額
(1)	未成工事支出金	330,000[*1]	賃金	440,000
	工事間接費	110,000[*2]		
(2)	賃率差異	20,000[*3]	賃金	20,000

*1　@1,100円×300時間＝330,000円

*2　@1,100円×100時間＝110,000円

*3　440,000円－460,000円＝△20,000円（不利差異）
　　予定消費額　実際消費額

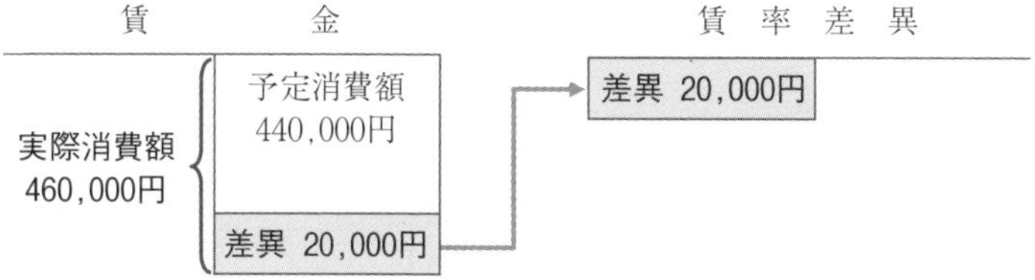

解答 90

	借方科目	金額	貸方科目	金額
(1)	工事費前渡金	1,750	当座預金	1,750
(2)	外注費	3,000[*1]	工事費前渡金	1,750
			工事未払金	1,250
(3)	外注費	2,000[*2]	当座預金	3,000
	工事未払金	1,000		
(4)	工事未払金	250	現金	250

*1　5,000円×60%＝3,000円

*2　5,000円－3,000円＝2,000円

解答 91

	借方科目	金額	貸方科目	金額
(1)	工事費前渡金	3,000	当座預金	3,000
(2)	外注費	5,000[*1]	工事費前渡金	3,000
			工事未払金	2,000
(3)	外注費	5,000	当座預金	6,000
	工事未払金	1,000		
(4)	工事未払金	1,000	支払手形	1,000
(5)	未成工事支出金	10,000	外注費	10,000

外注費

(2)	諸口	5,000	(5)	未成工事支出金	10,000
(3)	当座預金	5,000			

*1　10,000円×50%＝5,000円

解答 92

経費仕訳帳　(単位：円)

×年		摘要	費目	借方 未成工事支出金	借方 工事間接費	借方 販売費及び一般管理費	貸方 金額
4	30	月割経費	減価償却費		(1,125)	375	(1,500)[*1]
	〃	測定経費	動力用光熱費		(3,750)		(3,750)[*2]
	〃	支払経費	設計費	(13,500)			(13,500)[*3]
	〃	〃	修繕費	3,750	(11,250)		(15,000)[*4]
				(17,250)	(16,125)	375	33,750

*1　18,000円÷12カ月＝1,500円

*2　測定高3,750円

*3　15,000円－7,500円＋6,000円＝13,500円

*4　37,500円－15,000円－7,500円＝15,000円

解答 93

	借方科目	金額	貸方科目	金額
(1)	工事間接費	200	当座預金	200
(2)	工事間接費	1,000	減価償却累計額	1,000

解答 94

当月の経費消費額　3,100円*

$$* \quad \frac{24{,}000円}{12カ月} + 800円 + \frac{1{,}200円}{6カ月} + 100円 = 3{,}100円$$

解答 95

未成工事支出金　(単位：円)

前月繰越	400,000	完成工事原価	(3,220,000)
材料費	(860,000)	次月繰越	(1,500,000)
賃金	600,000		
外注費	1,160,000		
経費	500,000		
工事間接費	1,200,000		
	(4,720,000)		(4,720,000)

原価計算表　(単位：円)

	建物A	建物B	建物C	合計
月初未成工事原価	(180,000)	—	220,000	(400,000)
直接材料費	240,000	360,000	260,000	(860,000)
直接労務費	160,000	(240,000)	200,000	(600,000)
直接外注費	(440,000)	340,000	380,000	(1,160,000)
直接経費	(260,000)	(240,000)	—	(500,000)
工事間接費	(368,000)	(320,000)	(512,000)	(1,200,000)
合計	(1,648,000)	1,500,000	(1,572,000)	(4,720,000)

解説

$$工事間接費配賦率：\frac{1{,}200{,}000円}{460時間 + 400時間 + 640時間} = @800円$$

各工事への配賦額

建物A：@800円 × 460時間 = 368,000円

建物B：@800円 × 400時間 = 320,000円

建物C：@800円 × 640時間 = 512,000円

解答 96

完成工事原価報告書

自×4年4月1日　至×5年3月31日　　　(単位：円)

1．材　料　費	(1,460,000)
2．労　務　費	(1,320,000)
[うち労務外注費 (380,000)]	
3．外　注　費	(480,000)
4．経　　　費	(920,000)
[うち人件費 (364,000)]	
完成工事原価	(4,180,000)

解説

材料

期首　400,000	当期消費 1,400,000
当期購入 1,700,000 △100,000	減耗　40,000
	実地　560,000

労務費

当期支払 1,300,000 〔うち労務外注費 400,000〕	期首未払 100,000
期末未払 140,000	当期消費 1,340,000 〔うち労務外注費 400,000〕

外注費

当期支払 360,000	期首未払 200,000
期末未払 240,000	当期消費 400,000

経費

期首前払 60,000	当期消費 800,000 〔うち人件費 360,000〕
当期支払 900,000 〔うち人件費 360,000〕	期末前払 160,000

未成工事支出金

期首 材料費　300,000 労務費　400,000 〔うち労務外注費 120,000〕 外注費　800,000 経費　200,000 〔うち人件費 56,000〕	当期完成工事原価 材料費　1,460,000 労務費　1,320,000 〔うち労務外注費 380,000〕 外注費　480,000 経費　920,000 〔うち人件費 364,000〕
当期発生工事原価 材料費　1,400,000 労務費　1,340,000 〔うち労務外注費 400,000〕 外注費　400,000 経費　800,000 減耗　40,000 〔うち人件費 360,000〕	期末 材料費　240,000 労務費　420,000 〔うち労務外注費 140,000〕 外注費　720,000 経費　120,000 〔うち人件費 52,000〕

解答 97

(1)　工事間接費配賦額：建物A　30,000円
　　　　　　　　　　　建物B　24,000円
　　　　　　　　　　　建物C　18,000円
(2)　工事間接費配賦差異：　1,500円（借方）差異
※（　）内には「借方」または「貸方」を記入すること。

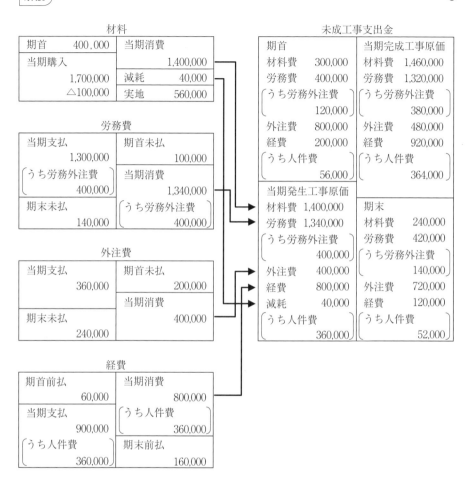

解説

(1)工事間接費配賦額

工事間接費予定配賦率：$\frac{900{,}000\text{円}}{3{,}000\text{時間}}$＝@300円

予定配賦額　建物A：@300円×100時間＝30,000円
　　　　　　建物B：@300円×　80時間＝24,000円
　　　　　　建物C：@300円×　60時間＝18,000円
　　　　　　合　計　　　　　　　　　72,000円

(2)工事間接費配賦差異

72,000円－73,500円＝△1,500円（借方差異）

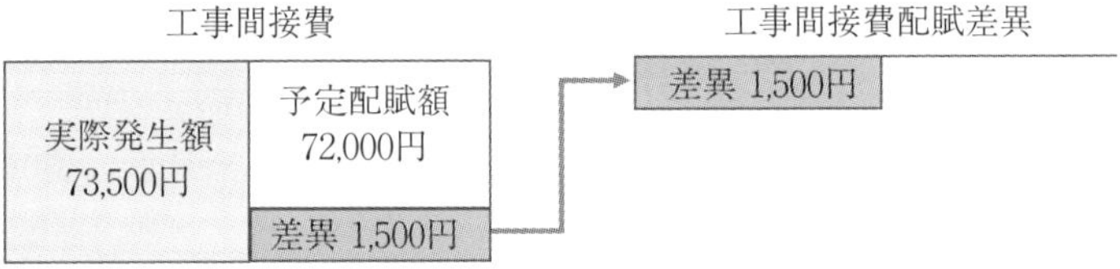

解答 98

部門費振替表　　（単位：円）

摘要	合計	施工部門		補助部門	
		第1施工部門	第2施工部門	修繕部門	車両部門
部門個別費	118,952	24,852	81,320	9,672	3,108
部門共通費					
倉庫用建物減価償却費	23,040	11,520	8,640	1,728	1,152
電力料	7,200	1,800	3,600	1,200	600
部門費	149,192	38,172	93,560	12,600	4,860
修繕部門費		6,300	6,300		
車両部門費		4,050	810		
合計	149,192	48,522	100,670		

解説

(1)部門共通費の配賦

①倉庫用建物減価償却費

第1施工部門：
第2施工部門：
修　繕　部　門：
車　両　部　門：

$$\frac{23{,}040\text{円}}{800\text{m}^2} \times \begin{cases} 400\text{m}^2 = 11{,}520\text{円} \\ 300\text{m}^2 = 8{,}640\text{円} \\ 60\text{m}^2 = 1{,}728\text{円} \\ 40\text{m}^2 = 1{,}152\text{円} \end{cases}$$

②電力料

第1施工部門：
第2施工部門：
修　繕　部　門：
車　両　部　門：

$$\frac{7{,}200\text{円}}{480\text{kWh}} \times \begin{cases} 120\text{kWh} = 1{,}800\text{円} \\ 240\text{kWh} = 3{,}600\text{円} \\ 80\text{kWh} = 1{,}200\text{円} \\ 40\text{kWh} = 600\text{円} \end{cases}$$

(2)補助部門費の配賦

①修繕部門費

第1施工部門：$12{,}600\text{円} \times \dfrac{40\%}{40\% + 40\%} = 6{,}300\text{円}$

第2施工部門：$12{,}600\text{円} \times \dfrac{40\%}{40\% + 40\%} = 6{,}300\text{円}$

②車両部門費

第1施工部門：$4{,}860\text{円} \times \dfrac{50\%}{50\% + 10\%} = 4{,}050\text{円}$

第2施工部門：$4{,}860\text{円} \times \dfrac{10\%}{50\% + 10\%} = 810\text{円}$

解答 99

部門費振替表　　(単位：円)

摘　　要	合　　計	施工部門 第1施工部門	施工部門 第2施工部門	補助部門 材料部門	補助部門 保全部門
部　門　費	249,800	120,000	90,000	25,800	14,000
第1次配賦					
材料部門費		10,320	10,320	—	5,160
保全部門費		8,400	4,200	1,400	—
第2次配賦				1,400	5,160
材料部門費		700	700		
保全部門費		3,440	1,720		
合　　計	249,800	142,860	106,940		

解説

(1)第１次配賦

①材料部門費

第１施工部門：25,800円 × $\frac{40\%}{100\%}$ = 10,320円

第２施工部門：25,800円 × $\frac{40\%}{100\%}$ = 10,320円

保　全　部　門：25,800円 × $\frac{20\%}{100\%}$ = 5,160円

②保全部門費

第１施工部門：14,000円 × $\frac{60\%}{100\%}$ = 8,400円

第２施工部門：14,000円 × $\frac{30\%}{100\%}$ = 4,200円

材　料　部　門：14,000円 × $\frac{10\%}{100\%}$ = 1,400円

(2)第２次配賦

①材料部門費

第１施工部門：1,400円 × $\frac{40\%}{40\% + 40\%}$ = 700円

第２施工部門：1,400円 × $\frac{40\%}{40\% + 40\%}$ = 700円

②保全部門費

第１施工部門：5,160円 × $\frac{60\%}{60\% + 30\%}$ = 3,440円

第２施工部門：5,160円 × $\frac{30\%}{60\% + 30\%}$ = 1,720円

解答100

部　門　費　振　替　表

(単位：円)

摘　要	合　計	施工部門		補助部門		
		第１施工部門	第２施工部門	修繕部門	機械部門	材料管理部門
部門個別費	6,340,000	2,400,000	2,000,000	600,000	800,000	540,000
部門共通費	5,400,000	1,400,000	1,790,000	880,000	1,020,000	310,000
部　門　費	11,740,000	3,800,000	3,790,000	1,480,000	1,820,000	850,000
材料管理部門費		250,000	225,000	175,000	200,000	850,000
機械部門費		606,000	909,000	505,000	2,020,000	
修繕部門費		864,000	1,296,000	2,160,000		
合　計	11,740,000	5,520,000	6,220,000			

第1施工部門

工事間接費	(3,800,000)		
材料管理部門	(250,000)		
機械部門	(606,000)		
修繕部門	(864,000)		
	(5,520,000)		

第2施工部門

工事間接費	(3,790,000)		
材料管理部門	(225,000)		
機械部門	(909,000)		
修繕部門	(1,296,000)		
	(6,220,000)		

修繕部門

工事間接費	(1,480,000)	第1施工部門	(864,000)
材料管理部門	(175,000)	第2施工部門	(1,296,000)
機械部門	(505,000)		
	(2,160,000)		(2,160,000)

機械部門

工事間接費	(1,820,000)	第1施工部門	(606,000)
材料管理部門	(200,000)	第2施工部門	(909,000)
		修繕部門	(505,000)
	(2,020,000)		(2,020,000)

材料管理部門

工事間接費	(850,000)	第1施工部門	(250,000)
		第2施工部門	(225,000)
		修繕部門	(175,000)
		機械部門	(200,000)
	(850,000)		(850,000)

解説

本問は、補助部門費の施工部門への配賦（第２次集計）のうち、階梯式配賦法の計算と勘定記入を確認する問題です。

1．補助部門の順位づけ

① 第１判断基準…用役（サービス）提供先である他の補助部門数

② 第２判断基準…同一順位の部門の第１次集計費（または用役提供額）

	第１判断基準	第２判断基準
機械部門	機械部門→修繕部門（１件）	1,820,000円…第２位
修繕部門	修繕部門→機械部門（１件）	1,480,000円…第３位
材料管理部門	材料管理部門→機械部門、修繕部門（２件）…第１位	

補助部門の順位づけができたら、先順位から部門費振替表の補助部門欄に右から左へ記入していきます。本問においては、問題資料の並び順と部門費振替表の並び順が異なるので注意してください。

部　門　費　振　替　表　　　　（単位：円）

摘　　要	合　　計	施工部門		補助部門		
		第1施工部門	第2施工部門	修繕部門	機械部門	材料管理部門
部門個別費						
部門共通費						
部　門　費						
材料管理部門費						
機械部門費						
修繕部門費						
合　　計						

2．補助部門費の配賦

最右端の材料管理部門（第１位）から自分より左の部門（施工部門および下位の補助部門）へ配賦を行います。

材料管理部門費：$\dfrac{850{,}000\text{円}}{25\% + 22.5\% + 20\% + 17.5\%} \times 25\% = 250{,}000\text{円}$（第１施工部門へ）

〃　$\times 22.5\% = 225{,}000\text{円}$（第２施工部門へ）

〃　$\times 17.5\% = 175{,}000\text{円}$（修繕部門へ）

〃　$\times 20\% = 200{,}000\text{円}$（機械部門へ）

なお、材料管理部門から材料管理部門への配賦（用役の自家消費の考慮）は行われません。

機械部門費：$\dfrac{1,820,000\text{円}+200,000\text{円}}{30\%+45\%+25\%}\times 30\% = 606,000\text{円}$（第１施工部門へ）

〃 $\times 45\% = 909,000\text{円}$（第２施工部門へ）

〃 $\times 25\% = 505,000\text{円}$（修繕部門へ）

修繕部門費：$\dfrac{1,480,000\text{円}+175,000\text{円}+505,000\text{円}}{32\%+48\%}\times 32\% = 864,000\text{円}$（第１施工部門へ）

〃 $\times 48\% = 1,296,000\text{円}$（第２施工部門へ）

なお、修繕部門（第３位）から機械部門（第２位）への配賦は行われません。

解答 101

(1) 部門別予定配賦率

第１施工部門 @ 70円　　第２施工部門 @ 78円

(2) 工事台帳別予定配賦額

建物Ａ 27,400円　　建物Ｂ 20,700円

解説

(1)部門別予定配賦率

第１施工部門：$\dfrac{420,000\text{円}}{6,000\text{時間}} = @70\text{円}$

第２施工部門：$\dfrac{156,000\text{円}}{2,000\text{時間}} = @78\text{円}$

(2)工事台帳別予定配賦額

建物Ａ：@70円×280時間（第１施工部門費）＋@78円×100時間（第２施工部門費）＝27,400円

建物Ｂ：@70円×240時間（第１施工部門費）＋@78円×50時間（第２施工部門費）＝20,700円

解答 102

問 1

部門費振替表

(単位：円)

摘　　要	合　　計	施　工　部　門		補　助　部　門		
		切削部門	組立部門	修繕部門	材料倉庫部門	車両部門
部門個別費	1,228,000	558,000	491,000	137,000	37,000	5,000
部門共通費						
建物減価償却費	167,000	80,000	50,000	25,000	10,000	2,000
機械保険料	50,000	20,000	18,000	8,000	3,000	1,000
部　門　費	1,445,000	658,000	559,000	170,000	50,000	8,000
修繕部門費		102,000	68,000			
材料倉庫部門費		30,000	20,000			
車両部門費		5,000	3,000			
合　　計	1,445,000	795,000	650,000			

問 2　部門別予定配賦率

切削部門　@　265円　　組立部門　@　325円

問 3　建物Aに対する工事間接費予定配賦額　15,510円

解説

問1　直接配賦法による補助部門費の配賦

①部門共通費の配賦

・建物減価償却費

$$\begin{array}{l} \text{切削部門：} \\ \text{組立部門：} \\ \text{修繕部門：} \\ \text{材料倉庫部門：} \\ \text{車両部門：} \end{array} \frac{167,000\text{円}}{1,670\text{m}^2} \times \begin{cases} 800\text{m}^2 = 80,000\text{円} \\ 500\text{m}^2 = 50,000\text{円} \\ 250\text{m}^2 = 25,000\text{円} \\ 100\text{m}^2 = 10,000\text{円} \\ 20\text{m}^2 = 2,000\text{円} \end{cases}$$

・機械保険料

$$\begin{array}{l} \text{切削部門：} \\ \text{組立部門：} \\ \text{修繕部門：} \\ \text{材料倉庫部門：} \\ \text{車両部門：} \end{array} \frac{50,000\text{円}}{250,000\text{円}} \times \begin{cases} 100,000\text{円} = 20,000\text{円} \\ 90,000\text{円} = 18,000\text{円} \\ 40,000\text{円} = 8,000\text{円} \\ 15,000\text{円} = 3,000\text{円} \\ 5,000\text{円} = 1,000\text{円} \end{cases}$$

②補助部門費の配賦

・修繕部門費

$$\begin{array}{l} \text{切削部門：} \\ \text{組立部門：} \end{array} \frac{170,000\text{円}}{60\text{時間} + 40\text{時間}} \times \begin{cases} 60\text{時間} = 102,000\text{円} \\ 40\text{時間} = 68,000\text{円} \end{cases}$$

・材料倉庫部門費

$$\begin{array}{l} \text{切削部門：} \\ \text{組立部門：} \end{array} \frac{50,000\text{円}}{30\text{回} + 20\text{回}} \times \begin{cases} 30\text{回} = 30,000\text{円} \\ 20\text{回} = 20,000\text{円} \end{cases}$$

・車両部門費

$$\begin{array}{l} \text{切削部門：} \\ \text{組立部門：} \end{array} \frac{8,000\text{円}}{200\text{回} + 120\text{回}} \times \begin{cases} 200\text{回} = 5,000\text{円} \\ 120\text{回} = 3,000\text{円} \end{cases}$$

問2　部門別予定配賦率

$$\text{切削部門：} \frac{795,000\text{円}}{3,000\text{時間}} = @265\text{円}$$

$$\text{組立部門：} \frac{650,000\text{円}}{2,000\text{時間}} = @325\text{円}$$

問3　建物Aに対する工事間接費予定配賦額

$$\underbrace{@265\text{円} \times 34\text{時間}}_{\text{切削部門費}} + \underbrace{@325\text{円} \times 20\text{時間}}_{\text{組立部門費}} = 15,510\text{円}$$

解答 103

(A)工事進行基準

	借方科目	金額	貸方科目	金額
(1)	現金	200,000	未成工事受入金	200,000
(2)	完成工事原価	900,000	未成工事支出金	900,000
	未成工事受入金	200,000	完成工事高	1,140,000[*1]
	完成工事未収入金	940,000		
(3)	完成工事原価	1,350,000	未成工事支出金	1,350,000[*2]
	完成工事未収入金	1,710,000	完成工事高	1,710,000[*3]
	現金	2,650,000	完成工事未収入金	2,650,000

(別解) (3)

(借方)	完成工事原価	1,350,000	(貸方)	未成工事支出金	1,350,000
	現金	2,650,000		完成工事高	1,710,000[*3]
				完成工事未収入金	940,000

*1　$2{,}850{,}000\text{円} \times \dfrac{340{,}000\text{円} + 430{,}000\text{円} + 130{,}000\text{円}}{2{,}250{,}000\text{円}} = 1{,}140{,}000\text{円}$

*2　580,000円＋495,000円＋275,000円＝1,350,000円

*3　2,850,000円－1,140,000円＝1,710,000円

(B)工事完成基準

	借方科目	金額	貸方科目	金額
(1)	現金	200,000	未成工事受入金	200,000
(2)	仕訳なし			
(3)	完成工事原価	2,250,000[*]	未成工事支出金	2,250,000
	未成工事受入金	200,000	完成工事高	2,850,000
	現金	2,650,000		

*　900,000円＋1,350,000円＝2,250,000円

解答 104

	第1期	第2期	第3期
完成工事高	80,000円[*1]	159,000円[*2]	161,000円[*3]
完成工事原価	60,000円	119,250円[*4]	120,750円[*5]
完成工事総利益	20,000円	39,750円	40,250円

*1　$400{,}000\text{円} \times \dfrac{60{,}000\text{円}}{300{,}000\text{円}} = 80{,}000\text{円}$

*2　$400{,}000\text{円} \times \dfrac{179{,}250\text{円}}{300{,}000\text{円}} = 239{,}000\text{円}$

239,000円－80,000円＝159,000円

＊3　400,000円－(80,000円＋159,000円)＝161,000円
＊4　179,250円－60,000円＝119,250円
＊5　300,000円－(60,000円＋119,250円)＝120,750円

解答 105

	工事進行基準	工事完成基準
完成工事未収入金	1,785,000円	675,000円
未成工事支出金	0円	2,020,000円
未成工事受入金	100,000円	1,900,000円

解説

(A)工事進行基準

工事進行基準では、決算における工事進捗度に応じて完成工事高（収益）を計上し、期中に発生した費用を完成工事原価（費用）として計上します。

①完成工事高

A工事：1,500,000円

B工事：3,000,000円×$\frac{1,020,000円}{2,550,000円}$＝1,200,000円

C工事：1,250,000円×$\frac{600,000円}{1,000,000円}$＝750,000円

D工事：1,200,000円×$\frac{400,000円}{500,000円}$＝960,000円

②完成工事未収入金または未成工事受入金

完成工事高と入金額との差額は、**完成工事未収入金**（完成工事高＞入金額の場合）または**未成工事受入金**（完成工事高＜入金額の場合）で処理します。

A工事：1,500,000円－825,000円＝675,000円（完成工事未収入金）
B工事：1,200,000円－900,000円＝300,000円（完成工事未収入金）
C工事：750,000円－850,000円＝△100,000円（未成工事受入金）
D工事：960,000円－150,000円＝810,000円（完成工事未収入金）

完成工事未収入金：675,000円＋300,000円＋810,000円＝1,785,000円
未成工事受入金：100,000円

(B)工事完成基準

工事完成基準では工事が完成し、引き渡しをした期に完成工事高（収益）を計上します。また着工から完成、引き渡しまでに発生した費用は決算において未成工事支出金に振り替え、工事が完成し、引き渡したときに未成工事支出金から完成工事原価に振り替えます。

①完成工事高（当期に完成した工事はＡ工事のみ）

Ａ工事：1,500,000円

②未成工事支出金

1,020,000円＋600,000円＋400,000円＝2,020,000円

（Ｂ工事）（Ｃ工事）（Ｄ工事）

③完成工事未収入金

完成した工事に対する未収入金が工事未収入金です。

Ａ工事：1,500,000円－825,000円＝675,000円

④未成工事受入金

未完成の工事に対する前受金が未成工事受入金です。

900,000円＋850,000円＋150,000円＝1,900,000円

（Ｂ工事）（Ｃ工事）（Ｄ工事）

解答 106

	第１期	第２期	第３期
完成工事高	150,000円	303,600円	176,400円
完成工事原価	136,500円	269,580円	157,920円
完成工事総利益	13,500円	34,020円	18,480円

解説

工事収益総額と工事原価総額の変更があった場合、変更があった年度以降は変更後の金額を用いて工事進捗度を計算します。

⑴第１期

第１期末において、工事原価総額の見積額が546,000円に変更されているので、第１期の完成工事高の計算では、当初の工事原価総額の見積額ではなく、変更後の工事原価総額の見積額を用いて工事進捗度を計算します。

完成工事高：$600{,}000\text{円} \times \frac{136{,}500\text{円}}{546{,}000\text{円}} = 150{,}000\text{円}$

⑵第２期

第２期において、工事収益総額と工事原価総額の見積額が変更されているので、第２期の完成工事高の計算では、変更後の工事収益総額と工事原価総額の見積額を用いて計算します。

完成工事高：$630{,}000\text{円} \times \frac{136{,}500\text{円} + 269{,}580\text{円}}{546{,}000\text{円} + 18{,}000\text{円}} = 453{,}600\text{円}$

453,600円－150,000円＝303,600円

⑶第３期

完成工事高：630,000円－（150,000円＋303,600円）＝176,400円

解答 107

精　算　表

勘定科目	残高試算表		整理記入		損益計算書		貸借対照表	
	借方	貸方	借方	貸方	借方	貸方	借方	貸方
現金預金	58,980		240				59,220	
受取手形	25,200						25,200	
完成工事未収入金	34,800						34,800	
貸倒引当金		720		480				1,200
有価証券	42,000			1,800			40,200	
未成工事支出金	15,120		240 2,280 240	120 5,520			12,240	
材料貯蔵品	7,020						7,020	
仮払金	7,200			7,200				
機械装置	36,000		9,000				45,000	
機械装置減価償却累計額		12,960	120					12,840
備品	9,600						9,600	
備品減価償却累計額		3,240		1,080				4,320
建設仮勘定	10,920			9,000			1,920	
支払手形		6,000						6,000
工事未払金		10,320		2,280				12,600
借入金		7,200						7,200
未成工事受入金		7,800						7,800
完成工事補償引当金		180		240				420
退職給付引当金		18,000		2,340				20,340
資本金		90,000						90,000
利益準備金		3,000						3,000
繰越利益剰余金		1,920						1,920
完成工事高		420,000				420,000		
完成工事原価	246,300		5,520		251,820			
販売費及び一般管理費	62,400		480 1,080 2,100 1,080	360	66,780			
受取利息配当金		2,160		240		2,400		
受取手数料		8,700				8,700		
支払利息	36,660				36,660			
	592,200	592,200						
従業員立替金			7,200				7,200	
有価証券評価損			1,800		1,800			
前払保険料			360				360	
未払家賃				1,080				1,080
			31,740	31,740	357,060	431,100	242,760	168,720
当期純利益					74,040			74,040
					431,100	431,100	242,760	242,760

解説

⑴貸倒引当金の設定

貸倒引当金：（25,200円＋34,800円）×２％＝1,200円

貸倒引当金繰入：1,200円－720円＝480円

（販売費及び一般管理費）　480　（貸倒引当金）　480

貸倒引当金繰入

⑵売買目的有価証券

有価証券評価損：42,000円－40,200円＝1,800円

（有価証券評価損）　1,800　（有価証券）　1,800

⑶期限到来済の公社債利札

（現金預金）　240　（受取利息配当金）　240

⑷仮払金の処理

（従業員立替金）　7,200　（仮払金）　7,200

⑸機械装置・備品

機械装置減価償却累計額の差額：4,560円－390円×12カ月＝△120円

この差額は問題文の付記事項にしたがって、未成工事支出金を加減し処理します。

（機械装置減価償却累計額）　120　（未成工事支出金）　120

備品の減価償却費：9,600円×0.9÷８年＝1,080円

（販売費及び一般管理費）　1,080　（備品減価償却累計額）　1,080

減価償却費

⑹建設仮勘定

（機械装置）　9,000　（建設仮勘定）　9,000

⑺退職給付引当金

（販売費及び一般管理費）　2,100*1　（退職給付引当金）　2,340

退職給付引当金繰入額

（未成工事支出金）　240*2

*1　本社事務員分

*2　現場作業員分

退職給付引当金繰入額：180円×12カ月＝2,160円

退職給付引当金の計上不足額：2,400円－2,160円＝240円

この差額は問題文の付記事項にしたがって、未成工事支出金を加減し処理します。

⑻仮設撤去費

（未成工事支出金）　2,280　（工事未払金）　2,280

⑼完成工事補償引当金の設定

完成工事補償引当金：420,000円×0.1％＝420円

完成工事補償引当金繰入：420円－180円＝240円

（未成工事支出金）　240　（完成工事補償引当金）　240

⑽未成工事支出金の次期繰越

未成工事支出金：15,120円［T/B］＋（240円［退職給付引当金］＋2,280円［仮設撤去費］＋240円［完成工事補償引当金］－120円［機械装置減価償却累計額］）－12,240円［次期繰越額］＝5,520円

（完成工事原価）　5,520　（未成工事支出金）　5,520

⑾経過勘定

(前払保険料)	360	(販売費及び一般管理費)	360
(販売費及び一般管理費)	1,080	(未払家賃)	1,080

解答 108

損益計算書

東京建設株式会社　　自△年4月1日　至×年3月31日　　(単位：円)

Ⅰ 完成工事高		(12,480,000)
Ⅱ 完成工事原価		(9,984,000)
完成工事総利益		(2,496,000)
Ⅲ 販売費及び一般管理費		
役員報酬	(162,500)	
従業員給料手当	(344,500)	
退職給付引当金繰入額	(29,900)	
法定福利費	(79,950)	
修繕維持費	(74,100)	
事務用品費	(58,500)	
通信交通費	(32,500)	
動力用水光熱費	(94,900)	
広告宣伝費	(84,500)	
貸倒引当金繰入額	(45,500)	
地代家賃	(24,440)	
減価償却費	(463,320)	
雑費	13,390	(1,508,000)
営業利益		(988,000)
Ⅳ 営業外収益		
償却債権取立益	(23,660)	
受取利息配当金	(58,500)	(82,160)
Ⅴ 営業外費用		
支払利息	(51,350)	
有価証券評価損	(35,100)	(86,450)
経常利益		(983,710)
Ⅵ 特別利益		
固定資産売却益		(227,500)
Ⅶ 特別損失		
固定資産売却損		6,500
税引前当期純利益		(1,204,710)
法人税、住民税及び事業税		(481,000)
当期純利益		(723,710)

完成工事原価報告書

東京建設株式会社　　自△年4月1日　至×年3月31日　　(単位：円)

Ⅰ 材料費	(4,649,710)
Ⅱ 労務費	(1,615,900)
Ⅲ 外注費	(757,900)
Ⅳ 経費	(2,960,490)
［うち人件費 (1,438,840)］	
完成工事原価	(9,984,000)

貸借対照表

東京建設株式会社　　×年3月31日　　(単位：円)

資産の部

Ⅰ 流動資産		
現金預金		(595,400)
受取手形		(390,000)
完成工事未収入金		(1,885,000)
未成工事支出金		(479,700)
材料貯蔵品		299,000
前払費用		1,950
未収収益		(22,100)
貸倒引当金		(△ 45,500)
流動資産合計		(3,627,650)
Ⅱ 固定資産		
(1)有形固定資産		
建物	1,950,000	
減価償却累計額	△1,053,000	897,000
機械・運搬具	(2,275,000)	
減価償却累計額	(△1,248,520)	(1,026,480)
土地		(1,040,000)
有形固定資産合計		(2,963,480)
(2)投資その他の資産		
投資有価証券		(445,900)
投資その他の資産合計		(445,900)
固定資産合計		(3,409,380)
資産合計		(7,037,030)

負債の部

Ⅰ　流動負債		
支　払　手　形		331,500
工　事　未　払　金		555,100
未　払　法　人　税　等		(210,600)
未　払　費　用		(8,190)
未　成　工　事　受　入　金		(403,650)
完成工事補償引当金		(12,480)
流　動　負　債　合　計		(1,521,520)
Ⅱ　固定負債		
退　職　給　付　引　当　金		(399,100)
固　定　負　債　合　計		(399,100)
負　債　合　計		(1,920,620)
純資産の部		
Ⅰ　株主資本		
1　資　本　金		3,900,000
2　利益剰余金		
(1)利益準備金	325,000	
(2)その他利益剰余金		
繰越利益剰余金	(891,410)	(1,216,410)
純　資　産　合　計		(5,116,410)
負債・純資産合計		(7,037,030)

解説

完成工事原価報告書の経費（うち人件費）は「従業員給料手当」「退職給付引当金繰入額」「法定福利費」「福利厚生費」の合計です。

経費（うち人件費）：481,000円＋360,490円＋217,100円＋380,250円＝1,438,840円

また、繰越利益剰余金は以下のとおり計算します。

繰越利益剰余金：723,710円＋167,700円＝891,410円

当期純利益　後T/B 繰越利益剰余金

解答 109

⑴各勘定から損益勘定に振り替える仕訳

借方科目	金額	貸方科目	金額
完成工事高	1,900	損益	2,020
受取家賃	120		
損益	1,500	完成工事原価	1,400
		支払利息	100

⑵損益勘定から繰越利益剰余金勘定に振り替える仕訳

借方科目	金額	貸方科目	金額
損益	520	繰越利益剰余金	520

⑶損益勘定への記入

損　益

〔完成工事原価〕	(1,400)	〔完成工事高〕	(1,900)
〔支払利息〕	(100)	〔受取家賃〕	(120)
〔繰越利益剰余金〕	(520)	〔　〕	(　)

解説

収益の勘定は損益勘定の貸方に、費用の各勘定残高は損益勘定の借方に振り替えます。また、損益勘定で借方に差額が生じる（収益が費用よりも大きい）ため、当期純利益（520円）が生じていることがわかります。したがって、当期純利益（520円）を損益勘定から繰越利益剰余金勘定の貸方に振り替えます。

解答 110

	借方科目	金額	貸方科目	金額
(1)	損益	52,000	支払利息	52,000
(2)	受取家賃	30,000	未収家賃	30,000

解説

⑴費用の勘定の残高は損益勘定の借方に振り替えます。したがって、支払利息勘定の残高52,000円（50,000円＋12,000円－10,000円）を損益勘定の借方に振り替えます。

⑵「未収家賃勘定」より、決算において受取家賃（収益）の見越計上が行われていることがわかります。また、収益や費用を見越した（繰り延べた）ときは、翌期首に逆仕訳（再振替仕訳）を行います。したがって、再振替仕訳は次のようになります。

決算整理仕訳：(未収家賃)　30,000　(受取家賃)　30,000

逆仕訳

再振替仕訳（解答）：(受取家賃)　30,000　(未収家賃)　30,000

解答 111

		借方科目	金額	貸方科目	金額
(1)	本店	支店	1,000	現金	1,000
	支店	現金	1,000	本店	1,000
(2)	本店	支店	2,000	完成工事未収入金	2,000
	支店	現金	2,000	本店	2,000
(3)	本店	支店	3,000	当座預金	3,000
	支店	工事未払金	3,000	本店	3,000
(4)	本店	支店	4,800	材料売上	4,800*
		材料売上原価	4,000	材料	4,000
	支店	未成工事支出金	4,800	本店	4,800
(5)	本店	営業費	5,000	支店	5,000
	支店	本店	5,000	現金	5,000

＊ 4,000円×1.2＝4,800円

解答 112

	未達側	借方科目	金額	貸方科目	金額
(1)	本店	支店	6,000	完成工事未収入金	6,000
(2)	支店	旅費交通費	3,000	本店	3,000
(3)	支店	未成工事支出金	7,700*	本店	7,700

＊ 7,000円×1.1＝7,700円

解答 113

(1)	88,000円	(2)	129,000円

解説

(1)支店の本店仕入分に含まれる内部利益：$\frac{12{,}000円}{1.2} \times 0.2 = 2{,}000円$

本支店合併貸借対照表の材料：56,000円＋34,000円－2,000円＝88,000円

(2)支店の本店仕入分に含まれる内部利益：$\frac{22{,}000円 + 1{,}100円}{1.1} \times 0.1 = 2{,}100円$

本支店合併貸借対照表の材料：82,000円＋48,000円＋1,100円－2,100円＝129,000円

解答 114

本支店合併精算表

(単位：円)

勘定科目	本店残高試算表		支店残高試算表		合併整理		損益計算書		貸借対照表	
	借方	貸方	借方	貸方	借方	貸方	借方	貸方	借方	貸方
現金預金	5,940		2,250		900				9,090	
完成工事未収入金	4,500		2,250			1,500			5,250	
未成工事支出金	5,400		3,300			135			8,565	
材料貯蔵品	1,920		1,170		630	75			3,645	
仮払法人税等	2,310					2,310				
機械装置	3,000		2,250						5,250	
備品	2,250		1,500						3,750	
建物	6,000								6,000	
支店	4,800				1,500	900 5,400				
工事未払金		2,775		2,250						5,025
未成工事受入金		975		855						1,830
貸倒引当金		90		45	30					105
機械装置減価償却累計額		1,350		1,350						2,700
備品減価償却累計額		810		540						1,350
建物減価償却累計額		2,700								2,700
本店				3,960	5,400	630 810				
資本金		7,500								7,500
利益準備金		600								600
別途積立金		300								300
繰越利益剰余金		3,300								3,300
完成工事高		45,000		21,000				66,000		
材料売上高		9,600			7,560			2,040		
完成工事原価	27,000		14,700			150	41,550			
材料売上原価	8,625					7,200	1,425			
販売費及び一般管理費	3,255		2,580		810	30	6,615			
	75,000	75,000	30,000	30,000						
内部利益控除					360	360				
法人税、住民税及び事業税					5,535		5,535			
未払法人税等						3,225				3,225
					22,725	22,725	55,125	68,040	41,550	28,635
当期純利益							12,915			12,915
							68,040	68,040	41,550	41,550

解説

(1)未達事項

①支店

(材料貯蔵品)	630	(本店)	630

②本店

(現金預金)	900	(支店)	900

③本店

(支店)	1,500	(完成工事未収入金)	1,500

④支店

(販売費及び一般管理費)	810	(本店)	810

本支店勘定の相殺

(本店)	5,400	(支店)	5,400

(2)修正事項

①内部利益の控除

(内部利益控除)	360	(材料貯蔵品)	75[*1]
		(未成工事支出金)	135[*2]
		(完成工事原価)	150[*3]

*1 (945円＋630円)$\times \frac{5\%}{105\%}$＝75円

*2 2,835円$\times \frac{5\%}{105\%}$＝135円

*3 3,150円$\times \frac{5\%}{105\%}$＝150円

②内部取引の相殺消去

(材料売上高)	7,560[*4]	(材料売上原価)	7,200
		(内部利益控除)	360[*5]

*4 6,930円（本店からの材料仕入分）＋630円（未達事項①）＝7,560円

*5 7,560円$\times \frac{5\%}{105\%}$＝360円

③貸倒引当金の修正

(貸倒引当金)	30[*6]	(販売費及び一般管理費)	30

*6 1,500円×２％＝30円

④法人税、住民税及び事業税の計上

(法人税、住民税及び事業税)	5,535[*7]	(仮払法人税等)	2,310
		(未払法人税等)	3,225

*7 {(66,000円＋2,040円)－(41,550円＋1,425円＋6,615円)}×30％＝5,535円

過去問題編

解答・解説

第32回　解答・解説

第1問　**20点**　仕訳　記号（A～X）も必ず記入のこと　　　仕訳一組につき4点

No.	借方			貸方		
	記号	勘定科目	金額	記号	勘定科目	金額
(例)	B	当座預金	100000	A	現金	100000
(1)	L	資本金	12000000	M	その他資本剰余金	12000000
(2)	K	未払法人税等	2300000	A	現金	2300000
(3)	G	機械装置	1600000	G B	機械装置 当座預金	1500000 100000
(4)	A	現金	520000	U	償却債権取立益	520000
(5)	D	完成工事未収入金	10640000	Q	完成工事高	10640000

解説

(1)　減資

減資とは資本金を減少させることを意味します。資本金勘定（純資産）を減少させ、その他資本剰余金勘定（純資産）に振り替えます。

(2)　法人税等の支払い

決算において、対象事業年度の法人税額のうち、中間申告で納付した額を控除し、未払法人税等勘定（負債）を計上し、確定申告時に法人税を納付したときは、未払法人税等勘定（負債）を減少させます。

未払法人税等：3,800,000円 − 1,500,000円 = 2,300,000円
（3,800,000円：法人税、住民税及び事業税　1,500,000円：仮払法人税等）

⑶　固定資産の交換

自己所有の固定資産と他社所有の同種の固定資産を交換した場合には、提供した固定資産の帳簿価額に、支払った交換差金の金額を加算したものが取得原価となります。

取得原価：1,500,000円 + 100,000円 = 1,600,000円
（1,500,000円：帳簿価額　100,000円：交換差金）

⑷　償却債権取立益

前期以前に貸倒れの処理を行った完成工事未収入金を回収したときは、償却債権取立益勘定（収益）を計上します。

⑸　工事進行基準

工事進行基準を適用している場合は、工事の完成度合い（進捗度）に応じて、完成工事高を計上します。以下、前期からの仕訳を示します。

①　前期の完成工事高に関する仕訳

（完成工事未収入金）	1,960,000	（完成工事高）	1,960,000*

$$* \quad \underset{\text{請負金額}}{28{,}000{,}000\text{円}} \times \frac{1{,}666{,}000\text{円}\langle\text{前期の工事原価発生額}\rangle}{23{,}800{,}000\text{円}\langle\text{当初の工事原価総額の見積額}\rangle}(0.07) = 1{,}960{,}000\text{円}$$

②　当期の完成工事高に関する仕訳（本問の解答）

工事原価総額の見積額は当期において24,920,000円に変更されているので、当期の工事進捗度は変更後の工事原価総額の見積額を使用します。

（完成工事未収入金）	10,640,000	（完成工事高）	10,640,000*

$$* \quad \underset{\text{請負金額}}{28{,}000{,}000\text{円}} \times \frac{1{,}666{,}000\text{円}\langle\text{前期の工事原価発生額}\rangle + 9{,}548{,}000\text{円}\langle\text{当期の工事原価発生額}\rangle}{24{,}920{,}000\text{円}\langle\text{変更後の工事原価総額の見積額}\rangle}(0.45)$$

$$- \underset{\text{前期の完成工事高}}{1{,}960{,}000\text{円}} = 10{,}640{,}000\text{円}$$

第2問 12点

●数字…予想配点

(1)	¥	10036000	❸
(2)	¥	26000	❸
(3)	¥	312500	❸
(4)	¥	1200000	❸

解説

(1) 賃金の計算

賃金勘定から、当月末の未払賃金残高を求めます。

賃　　金

当月支給総額 31,530,000円	前月末未払 9,356,000円
	当月消費額 32,210,000円
当月末未払 10,036,000円＊	

＊　前月末の未払賃金9,356,000円
　＋当月消費額32,210,000円
　－当月支給総額31,530,000円＝**10,036,000円**

(2) 銀行勘定調整表

銀行勘定調整表を作成し、残高証明書（銀行の当座預金残高）と勘定残高（当社の当座預金残高）の差額を求めます。

銀行勘定調整表　　（単位：円）

当社の当座預金残高	1,254,000	銀行の当座預金残高	1,280,000
②　未渡小切手	15,000	①　時間外預入	5,000
③　引落未通知	△2,000	④　未取付小切手	△18,000
	1,267,000		1,267,000

∴　差異：1,280,000円（残高証明書）－1,254,000円（当座預金勘定残高）＝**26,000円**

(3) 固定資産の売却

工事用機械の売却時における帳簿価額（取得価額－減価償却累計額－減価償却費）を求

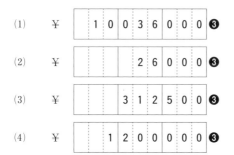

め、売却額との差額から固定資産売却損益を求めます。

（減価償却累計額）	6,250,000*1	（機械装置）	12,500,000
（減価償却費）	1,562,500*2	（固定資産売却益）	**312,500***3
（未収入金等）	5,000,000		

＊1　減価償却累計額：12,500,000円÷8年×4年分〈20×1年～20×4年〉＝6,250,000円

＊2　減価償却費：12,500,000円÷8年×1年分〈20×5年〉＝1,562,500円

＊3　固定資産売却損益：5,000,000円－（12,500,000円－6,250,000円－1,562,500円）

売却時の帳簿価額

＝312,500円（売却益）

(4) 保険差益

① 建物（倉庫）焼失時の仕訳

火災保険が付してある倉庫が焼失したときは、焼失時における倉庫の帳簿価額（取得価額－減価償却累計額）を火災未決算に振り替えます。

（減価償却累計額）	2,500,000	（建物）	3,500,000
（火災未決算）	1,000,000*		

＊　貸借差額（＝焼失時の建物帳簿価額）

② 保険金の確定時の仕訳

焼失時に計上した火災未決算と、保険会社から受け取った現金の差額が保険差益勘定となります。本問では火災未決算と保険差益が判明しているため、合算して保険会社から受け取った現金を求めます。

（現金）	**1,200,000**	（火災未決算）	1,000,000
		（保険差益）	200,000

第3問　14点

●数字…予想配点

問1　¥　2300 ❺

問2　¥　552000 ❺

問3　¥　13000　記号（AまたはB）A　金額と記号、両方正解で❹

解説

問1　当会計期間の予定配賦率

78,660,000円 ÷ 34,200時間 = **2,300円**/時間
従業員給料手当予算額　現場管理延べ予定作業時間

問2　当月のNo.201工事への予定配賦額

当月のNo.201工事に対する工事現場管理実際作業時間に、問1で求めた当会計期間の予定配賦率を掛けて、当月のNo.201工事への予定配賦額を求めます。

2,300円/時間 × 240時間 = **552,000円**

問3　当月の従業員給与手当に関する配賦差異

当月の工事現場管理実際作業時間に、問1で求めた当会計期間の予定配賦率を掛けて、当月の従業員給料手当の予定配賦額を求めます。そして、当月の従業員給料手当実際発生額との差額を配賦差異として求めます。

6,187,000円* − 6,200,000円 = **△13,000円（借方差異「A」）**
予定配賦額　実際発生額

＊　2,300円/時間 ×（350時間 + 240時間 + 2,100時間）= 6,187,000円
No.101工事　No.201工事　その他の工事

第4問　24点

●数字…予想配点

問1

記号（A～G）

1	2	3	4
C	G	A	D

各❷

問2

完成工事原価報告書
自　20×2年9月1日
至　20×2年9月30日
（単位：円）

Ⅰ．材　料　費	❹	1001000
Ⅱ．労　務　費	❹	2855000
Ⅲ．外　注　費	❷	6375000
Ⅳ．経　　　費	❷	1695560
完成工事原価		11926560

工事間接費配賦差異月末残高　❷3240円　　記号（AまたはB）　A ❷

解説

問1　部門共通費の配賦

部門共通費の配賦基準は、その性質によって、**C　サービス量** 配賦基準（動力使用量など）、**G　活動量** 配賦基準（作業時間など）、**A　規模** 配賦基準（建物専有面積など）に分類することができる。また、その単一性によって、単一配賦基準、複合配賦基準に分類することができ、複合配賦基準の具体的な例としては、**D　重量×運搬回数** などがある。

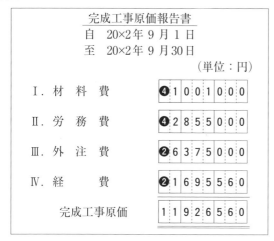

問２　完成工事原価報告書の作成

⑴　材料払出単価と直接材料費の算定

当月における材料の棚卸・受払に関するデータから、材料元帳を作成して、各工事の当月に発生した材料費を算定します。なお、問題文の指示より材料消費単価の決定方法は先入先出法となります。

材　料　元　帳

20×2年９月　　　（数量：Kg、単価及び金額：円）

月	日	摘　要	受入			払出			残高		
			数量	単価	金　額	数量	単価	金　額	数量	単価	金　額
9	1	前　月　繰　越	800	220	176,000				800	220	176,000
	2	8 0 1 工　事				400	220	88,000	400	220	88,000
	5	仕　　入　　れ	1,600	250	400,000				400	220	88,000
									1,600	250	400,000
	9	9 0 1 工　事				400	220	88,000			
						800	250	200,000	800	250	200,000
	15	7 0 1 工　事				600	250	150,000	200	250	50,000
	22	仕　　入　　れ	1,200	180	216,000				200	250	50,000
									1,200	180	216,000
	26	9 0 1 工　事				200	250	50,000			
						200	180	36,000	1,000	180	180,000
	27	9 0 2 工　事				500	180	90,000	500	180	90,000
	30	次　月　繰　越				500	180	90,000			
			3,600	−	792,000	3,600	−	792,000			

〈当月に発生した直接材料費〉

701工事：150,000円

801工事：88,000円

901工事：88,000円＋200,000円＋50,000円＋36,000円＝374,000円

902工事：90,000円

⑵　工事間接費予定配賦額と工事間接費配賦差異の算定

①　甲部門費：701工事；　150,000円（直接材料費）×３％＝　4,500円

801工事；　88,000円（直接材料費）×３％＝　2,640円

901工事；　374,000円（直接材料費）×３％＝　11,220円

902工事；　90,000円（直接材料費）×３％＝　2,700円

合　計　21,060円

21,060円（予定配賦額）－20,000円（実際発生額）＝1,060円（貸方差異）

△5,600円（前月繰越）＋1,060円（当月分）＝△4,540円（借方差異・繰越額）

② 乙部門費：701工事；＠2,200円×　15時間（直接作業時間）＝　33,000円
　　　　　　801工事；＠2,200円×　32時間（直接作業時間）＝　70,400円
　　　　　　901工事；＠2,200円×124時間（直接作業時間）＝272,800円
　　　　　　902工事；＠2,200円×　29時間（直接作業時間）＝　63,800円
　　　　　　　　　　　　　　　　　　　　　　合　計　440,000円

440,000円－441,000円＝△1,000円（借方差異）
予定配賦額　実際発生額

2,300円＋△1,000円＝1,300円（貸方差異・繰越額）
前月繰越　当月分

∴　工事間接費配賦差異月末残高：△4,540円＋1,300円＝△**3,240円（借方「A」）**
甲部門　乙部門

(3) 完成工事原価報告書の各金額

完成したNo.701工事、No.801工事、No.901工事の原価を集計します。なお、No.902工事は当月末の時点で未完成であるため、完成工事原価報告書には集計しません。

材料費：218,000円＋150,000円＋171,000円＋88,000円＋374,000円＝**1,001,000円**
701工事　801工事　901工事

労務費：482,000円＋450,000円＋591,000円＋513,000円＋819,000円＝**2,855,000円**
701工事　801工事　901工事

外注費：790,000円＋1,120,000円＋621,000円＋2,321,000円＋1,523,000円＝**6,375,000円**
701工事　801工事　901工事

経　費：192,000円＋290,000円＋4,500円＋33,000円
701工事

＋132,000円＋385,000円＋2,640円＋70,400円
801工事

＋302,000円＋11,220円＋272,800円＝**1,695,560円**
901工事

完成工事原価：**11,926,560円**

第5問 **30点**

精　算　表

●数字…予想配点
(単位：円)

勘定科目	残高試算表 借方	残高試算表 貸方	整理記入 借方	整理記入 貸方	損益計算書 借方	損益計算書 貸方	貸借対照表 借方	貸借対照表 貸方
現金	23500			700			❸22800	
当座預金	152900						152900	
受取手形	255000						255000	
完成工事未収入金	457000			12000			❸445000	
貸倒引当金		8000		400				8400
未成工事支出金	151900		3000 166 13500 9300	1200 64366			❸112300	
材料貯蔵品	3300		1200				4500	
仮払金	32600			900 31700				
機械装置	250000						250000	
機械装置減価償却累計額		150000		3000				❸153000
備品	60000						60000	
備品減価償却累計額		20000		20000				40000
建設仮勘定	48000			48000				
支払手形		32500						32500
工事未払金		95000						95000
借入金		196000						196000
未払金		48100						48100
未成工事受入金		233000						233000
仮受金		12000	12000					
完成工事補償引当金		19000		166				19166
退職給付引当金		187000		12500				199500
資本金		100000						100000
繰越利益剰余金		117320						117320
完成工事高		9583000				9583000		
完成工事原価	7566000		64366		7630366			
販売費及び一般管理費	1782000				1782000			
受取利息配当金		17280				17280		
支払利息	36000		600		36600			
	10818200	10818200						
雑損失			700		700			
前払費用			300				300	
備品減価償却費			20000		❸20000			
建物			48000				48000	
建物減価償却費			2000		❸2000			
建物減価償却累計額				2000				2000
貸倒引当金繰入額			400		❸400			
賞与引当金繰入額			5000		5000			
賞与引当金				18500				18500
退職給付引当金繰入額			3200		❸3200			
未払法人税等				4304				4304
法人税、住民税及び事業税			36004		❸36004			
			219736	219736	9516270	9600280	1350800	1266790
当期（純利益）					❸84010			84010
					9600280	9600280	1350800	1350800

解説

(1) 現金実査

（雑　　損　　失）	700	（現　　　　金）	700

(2) すくい出し方式

（材料貯蔵品）	1,200	（未成工事支出金）	1,200

(3) 仮払金

①

（支　払　利　息）	600	（仮　　払　　金）	900
（前　払　費　用）	300*		

＊　900円×$\frac{1か月}{3か月}$＝300円

②　⑾の法人税等の計上で処理します。

(4) 減価償却費の計上

①　機械装置（予定計算）

機械装置の減価償却費については、工事現場用であり月額3,500円が予定計上（工事原価算入）されているため、決算時に実際発生額との差額を、当期の工事原価（未成工事支出金）に加減します。

（未成工事支出金） 機械装置減価償却費	3,000*	（機械装置減価償却累計額）	3,000

＊　(3,500円／月×12か月)－45,000円＝△3,000円（計上不足）
予定計上額　　実際発生額

②　備品

（備品減価償却費）	20,000*	（備品減価償却累計額）	20,000

＊　60,000円÷3年＝20,000円

③　建物

本社事務所の完成にともない、建設仮勘定（資産）から建物勘定（資産）に振り替え、当期分の減価償却費を計上します。なお、建物が期首に完成しているため、1年（12か月）分の減価償却費になります。

（建　　　　物）	48,000	（建設仮勘定）	48,000
（建物減価償却費）	2,000*	（建物減価償却累計額）	2,000

＊　48,000円÷24年＝2,000円

(5) 仮受金

（仮　受　金）	12,000	（完成工事未収入金）	12,000

(6) 貸倒引当金の計上

（貸倒引当金繰入額）	400*	（貸　倒　引　当　金）	400

＊ (255,000円 + 457,000円 − 12,000円) × 1.2% − 8,000円 = 400円（繰入額）
受取手形　完成工事未収入金　(5)　T/B残高

(7) 完成工事補償引当金の計上

（未成工事支出金） 完成工事補償引当金繰入額	166*	（完成工事補償引当金）	166

＊ (9,583,000円 × 0.2%) − 19,000円 = 166円（繰入額）
完成工事高　T/B残高

(8) 賞与引当金の計上

賞与引当金の繰入額は、本社事務員分は賞与引当金繰入額として処理し、現場作業員分は未成工事支出金として処理します。

① 本社事務員

（賞与引当金繰入額）	5,000	（賞　与　引　当　金）	5,000

② 現場作業員

（未成工事支出金） 賞与引当金繰入額	13,500	（賞　与　引　当　金）	13,500

(9) 退職給付引当金の計上

退職給付引当金の繰入額は、本社事務員分は退職給付引当金繰入額として処理し、現場作業員分は未成工事支出金として処理します。

① 本社事務員

（退職給付引当金繰入額）	3,200	（退職給付引当金）	3,200

② 現場作業員

（未成工事支出金） 退職給付引当金繰入額	9,300	（退職給付引当金）	9,300

(10) 完成工事原価

（完　成　工　事　原　価）	64,366*	（未成工事支出金）	64,366

＊ 151,900円 − 1,200円 + 3,000円 + 166円 + 13,500円 + 9,300円 − 112,300円 = 64,366円
T/B残高　(2)　(4)①　(7)　(8)②　(9)②　次期繰越

(11) 法人税等の計上

（法人税、住民税及び事業税）	36,004*	（仮　払　金）	31,700
		（未　払　法　人　税　等）	4,304

＊ (9,600,280円 − 9,480,266円) × 30% = 36,004.2 → 36,004円（円未満切り捨て）
収益合計　費用合計

第33回　解答・解説

第1問　**20点**　仕訳　記号（A～X）も必ず記入のこと　　　仕訳一組につき4点

No.	借方			貸方		
	記号	勘定科目	金額	記号	勘定科目	金額
(例)	B	当座預金	100000	A	現　　金	100000
(1)	K	別途積立金	1800000	L	繰越利益剰余金	1800000
(2)	D	建　　物	21000000	E B	建設仮勘定 当座預金	7000000 14000000
(3)	C S	投資有価証券 有価証券利息	4900000 7750	B	当座預金	4907750
(4)	G U	機械装置減価償却累計額 火災未決算	4920000 3280000	J	機械装置	8200000
(5)	H	完成工事補償引当金	500000	F	工事未払金	500000

解説

(1)　別途積立金の取り崩し

別途積立金を取り崩したときは、別途積立金勘定（純資産）を減額し、繰越利益剰余金勘定（純資産）を増加させます。

(2)　固定資産の購入（建設仮勘定）

本社事務所が完成し引渡しを受けたときは、固定資産（建物）の購入処理をします。

①　契約時に現金を前払いした仕訳

完成前に前払いした金額は建設仮勘定（資産）で処理されています。

（建設仮勘定）	7,000,000	（現　　　　金）	7,000,000

② 完成し引渡しを受けたときの仕訳（本問の解答）

建設仮勘定を建物勘定（資産）へ振り替え、残額は当座預金で処理します。

（建　　　　物）	21,000,000	（建設仮勘定）	7,000,000
		（当座預金）	14,000,000*

＊ 貸借差額

(3) 投資有価証券の購入（端数利息の計算）

社債を購入したときは、投資有価証券勘定（資産）で処理をします。また、前回の利払日の翌日から購入日までの端数利息を有価証券利息勘定（収益）のマイナスとして処理をします。

（投資有価証券）	4,900,000*1	（当座預金）	4,907,750
（有価証券利息）	7,750*2		

＊1　投資有価証券の取得原価：

$$5{,}000{,}000\text{円} \times \frac{98\text{円}}{100\text{円}} = 4{,}900{,}000\text{円}$$

＊2　端数利息：

$$5{,}000{,}000\text{円} \times 1.825\% \times \frac{31\text{日}^{*3}}{365\text{日}} = 7{,}750\text{円}$$

＊3　30日（4月）＋1日（5月）＝31日

(4) 火災未決算

固定資産が火災等で焼失し、同資産について火災保険が付されている場合は、その保険金が確定するまでは一時的に、焼失時の帳簿価額を火災未決算勘定（資産）に計上します。

(5) 補修（完成工事補償引当金の取り崩し）

完成し引き渡した建物について補修を行った場合、計上してある完成工事補償引当金勘定（負債）を取り崩して処理します。なお、補修工事に係る外注工事代の未払額は工事未払金勘定（負債）に計上します。

第2問　12点

●数字…予想配点

(1)　¥ 142 ❸

(2)　¥ 16,000,000 ❸

(3)　6 年 ❸

(4)　¥ 8,000,000 ❸

解説

(1) 材料の期末における取引価格（期末時価）の推定

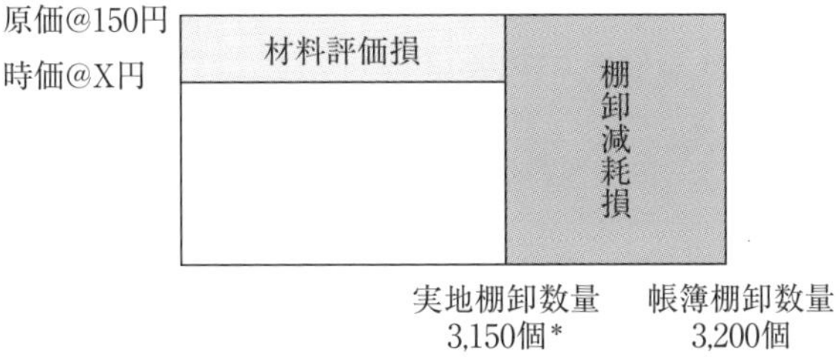

＊　実地棚卸数量：3,200個（帳簿棚卸数量）－50個（棚卸減耗）＝3,150個

材料評価損：（@150円－@X円）×3,150個＝25,200円

@X円＝**142円**

(2) 完成工事高（工事進行基準）

工事進行基準を適用している場合は、工事の進行具合に合わせて完成工事高を計上します。

①　前期の完成工事高

$$\underset{\text{請負金額}}{80{,}000{,}000\text{円}} \times \frac{9{,}000{,}000\text{円}}{60{,}000{,}000\text{円}}(0.15) = 12{,}000{,}000\text{円}$$

②　当期までの完成工事高

$$\underset{\text{請負金額}}{80{,}000{,}000\text{円}} \times \frac{19{,}600{,}000\text{円}^{*}}{56{,}000{,}000\text{円}}(0.35) = 28{,}000{,}000\text{円}$$

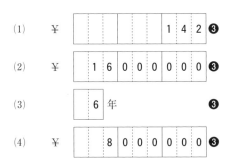

＊　当期までに発生した実際工事原価：9,000,000円＋10,600,000円＝19,600,000円
（9,000,000円：前期の工事原価発生額　10,600,000円：当期の工事原価実際額）

③　当期の完成工事高

28,000,000円－12,000,000円＝**16,000,000円**

⑶　固定資産の総合償却

総合償却で用いる平均耐用年数は、各固定資産の要償却額合計を各固定資産の年償却額合計で割ることにより求めます。

①　要償却額合計

機械装置Ａ：　2,500,000円－250,000円＝2,250,000円
機械装置Ｂ：　5,200,000円－250,000円＝4,950,000円
機械装置Ｃ：　600,000円－ 90,000円＝　510,000円
機械装置Ｄ：　300,000円－ 30,000円＝　270,000円
7,980,000円

②　年償却額合計

機械装置Ａ：　2,250,000円÷５年　＝　450,000円
機械装置Ｂ：　4,950,000円÷９年　＝　550,000円
機械装置Ｃ：　510,000円÷３年　＝　170,000円
機械装置Ｄ：　270,000円÷３年　＝　90,000円
1,260,000円

③　平均耐用年数

7,980,000円（①）÷1,260,000円（②）＝6.333…⇒**6年**（小数点以下切り捨て）

⑷　賞与引当金の計算

翌６月の賞与支給見込額12,000,000円のうち、当期分を賞与引当金として計上します。

$$12{,}000{,}000\text{円}\times\frac{\text{４カ月分（当期分：12/1〜3/末日）}}{\text{６カ月分（支給対象期間：12/1〜翌5/末日）}}=\mathbf{8{,}000{,}000\text{円}}$$

第3問　14点

●数字…予想配点

部門費配賦表

(単位：円)

摘　　要	合　計	施工部門			補助部門		
		工事第1部	工事第2部	工事第3部	(仮設)部門	(機械)部門	(運搬)部門
部門費合計	17618730	5435000	8980000	2340000	253430	425300	185000
(運搬) 部門	185000	❷46250	74000	51800	9250	3700	—
(機械) 部門	429000	137280	❷150150	107250	34320	429000	—
(仮設) 部門	297000	89100	118800	❷89100	297000	—	—
合　計	17618730	❷5707630	❷9322950	❷2588150	—	—	—
(配賦金額)	—	❷272630	342950	248150	—	—	—

解説

補助部門費の配賦（階梯式配賦法）

問題文の指示により、運搬部門、機械部門、仮設部門の順に、他部門へのサービス提供度合に基づいて各部門に配賦します。

(1)　運搬部門費の配賦

運搬部門費は他部門へのサービス提供数が補助部門の中で最も多いため、初めに配賦します。

$$185{,}000\text{円}\times\frac{25\%}{25\%+40\%+28\%+5\%+2\%}=\mathbf{46{,}250}\text{円}\ \text{（工事第1部）}$$

$$185{,}000\text{円}\times\frac{40\%}{25\%+40\%+28\%+5\%+2\%}=\mathbf{74{,}000}\text{円}\ \text{（工事第2部）}$$

$$185{,}000\text{円}\times\frac{28\%}{25\%+40\%+28\%+5\%+2\%}=\mathbf{51{,}800}\text{円}\ \text{（工事第3部）}$$

$$185{,}000\text{円}\times\frac{5\%}{25\%+40\%+28\%+5\%+2\%}=\mathbf{9{,}250}\text{円}\ \text{（仮設部門）}$$

$$185{,}000\text{円}\times\frac{2\%}{25\%+40\%+28\%+5\%+2\%}=\mathbf{3{,}700}\text{円}\ \text{（機械部門）}$$

⑵　機械部門費の配賦

次に提供数の多い機械部門費は、運搬部門により配賦された3,700円を加えた合計を他部門へ配賦します。

配賦総額：425,300円＋3,700円＝**429,000円**

$$429{,}000\text{円}\times\frac{32\%}{32\%+35\%+25\%+8\%}=\mathbf{137{,}280\text{円}}\ （\text{工事第1部}）$$

$$429{,}000\text{円}\times\frac{35\%}{32\%+35\%+25\%+8\%}=\mathbf{150{,}150\text{円}}\ （\text{工事第2部}）$$

$$429{,}000\text{円}\times\frac{25\%}{32\%+35\%+25\%+8\%}=\mathbf{107{,}250\text{円}}\ （\text{工事第3部}）$$

$$429{,}000\text{円}\times\frac{8\%}{32\%+35\%+25\%+8\%}=\mathbf{34{,}320\text{円}}\ （\text{仮設部門}）$$

⑶　仮設部門費の配賦

仮設部門費は運搬部門より配賦された9,250円および機械部門より配賦された34,320円を加えた合計を他部門へ配賦します。

配賦総額：253,430円＋9,250円＋34,320円＝**297,000円**

$$297{,}000\text{円}\times\frac{30\%}{30\%+40\%+30\%}=\mathbf{89{,}100\text{円}}\ （\text{工事第1部}）$$

$$297{,}000\text{円}\times\frac{40\%}{30\%+40\%+30\%}=\mathbf{118{,}800\text{円}}\ （\text{工事第2部}）$$

$$297{,}000\text{円}\times\frac{30\%}{30\%+40\%+30\%}=\mathbf{89{,}100\text{円}}\ （\text{工事第3部}）$$

⑷　補助部門費配賦額合計

$$\text{工事第1部}：\underbrace{46{,}250\text{円}}_{\text{運搬部門費}}+\underbrace{137{,}280\text{円}}_{\text{機械部門費}}+\underbrace{89{,}100\text{円}}_{\text{仮設部門費}}=\mathbf{272{,}630\text{円}}$$

$$\text{工事第2部}：\underbrace{74{,}000\text{円}}_{\text{運搬部門費}}+\underbrace{150{,}150\text{円}}_{\text{機械部門費}}+\underbrace{118{,}800\text{円}}_{\text{仮設部門費}}=\mathbf{342{,}950\text{円}}$$

$$\text{工事第3部}：\underbrace{51{,}800\text{円}}_{\text{運搬部門費}}+\underbrace{107{,}250\text{円}}_{\text{機械部門費}}+\underbrace{89{,}100\text{円}}_{\text{仮設部門費}}=\mathbf{248{,}150\text{円}}$$

第4問　24点

●数字…予想配点

問1

記号（A～C）

1	2	3	4	5
A	B	C	C	A

各❷

問2

工事別原価計算表

（単位：円）

摘　要	No.501	No.502	No.601	No.602	計
月初未成工事原価	❷1329000	2778400	—	—	4107400
当月発生工事原価					
材　料　費	258000	427000	544000	175000	1404000
労　務　費	321300	❷531300	785400	403200	2041200
外　注　費	765000	958000	2525000	419000	4667000
直　接　経　費	95700	113700	195600	62800	467800
工　事　間　接　費	57600	81200	❷162000	42400	343200
当月完成工事原価	❷2826600	—	4212000	—	7038600
月末未成工事原価	—	❷4889600	—	❷1102400	5992000

工事間接費配賦差異月末残高 ¥ 1300

記号（AまたはB） A 〔両方正解で❷〕

解説

問1　原価と非原価

1．鉄骨資材の購入と現場搬入費は、工事を完成させるために発生した費用であり、工事の生産物に集計される原価なので、「**A　プロダクト・コスト（工事原価）**」に該当します。

2．本社経理部員の出張旅費は、一般管理活動のために発生した費用であり、工事の生産物には集計せず、一会計期間の費用として処理するため、「**B　ピリオド・コスト（期間原価）**」に該当します。

3．銀行借入金利子は、借入れという財務活動によって生じた財務費用であるため、経営目的である工事には関係しない営業外費用として処理するため、「**C　非原価**」に該当します。

4．資材盗難による損失は、偶発的事故による損失であり、異常な状態を原因とする価値の減少である特別損失として処理するため、「**C　非原価**」に該当します。

5．工事現場監督の人件費は、工事現場の維持・管理のための費用であり、工事の生産物に集計される原価なので、「**A　プロダクト・コスト（工事原価）**」に該当します。

問2　工事別原価計算表の作成

⑴　当月の労務費の計算

予定賃率を用いているため、各工事ごとの労務費は以下のようになります。

No.501：@2,100円×153時間＝　**321,300円**
No.502：@2,100円×253時間＝　**531,300円**
No.601：@2,100円×374時間＝　**785,400円**
No.602：@2,100円×192時間＝　**403,200円**
2,041,200円

⑵　当会計期間の工事間接費の予定配賦率

2,252,000円÷56,300,000円＝0.04（4％）
工事間接費予算額　直接原価総発生見込額

⑶　当月の工事間接費の予定配賦額

No.501：4％×(258,000円＋321,300円＋765,000円＋95,700円)　＝　**57,600円**
材料費　労務費　外注費　経費

No.502：4％×(427,000円＋531,300円＋958,000円＋113,700円)　＝　**81,200円**
材料費　労務費　外注費　経費

No.601：4％×(544,000円＋785,400円＋2,525,000円＋195,600円)＝**162,000円**
材料費　労務費　外注費　経費

No.602：4％×(175,000円＋403,200円＋419,000円＋62,800円)　＝　**42,400円**
材料費　労務費　外注費　経費

343,200円

(4) 工事間接費配賦差異の月末残高

343,200円 − 341,000円 − 3,500円 = △**1,300円（借方「A」）**

予定配賦額　　実際発生額　　前月繰越・借方

(5) 工事別原価計算表

① 当月完成工事原価

No.501：1,329,000円＊ + 258,000円 + 321,300円 + 765,000円 + 95,700円

前月繰越　　材料費　　労務費　　外注費　　経費

+ 57,600円 = **2,826,600円**

工事間接費

＊ 235,000円 + 329,000円 + 650,000円 + 115,000円 = 1,329,000円

材料費　　労務費　　外注費　　経費

No.601：544,000円 + 785,400円 + 2,525,000円 + 195,600円 + 162,000円

材料費　　労務費　　外注費　　経費　　工事間接費

= **4,212,000円**

② 月末未成工事原価

No.502：2,778,400円＊ + 427,000円 + 531,300円 + 958,000円 + 113,700円 + 81,200円

前月繰越　　材料費　　労務費　　外注費　　経費　　工事間接費

= **4,889,600円**

＊ 580,000円 + 652,000円 + 1,328,000円 + 218,400円 = 2,778,400円

材料費　　労務費　　外注費　　経費

No.602：175,000円 + 403,200円 + 419,000円 + 62,800円 + 42,400円

材料費　　労務費　　外注費　　経費　　工事間接費

= **1,102,400円**

第5問 30点

精　算　表

●数字…予想配

(単位：

勘定科目	残高試算表 借方	残高試算表 貸方	整理記入 借方	整理記入 貸方	損益計算書 借方	損益計算書 貸方	貸借対照表 借方	貸借対照表 貸方
現金	19800		500	800 600			❸18900	
当座預金	214500						214500	
受取手形	112000						112000	
完成工事未収入金	565000			7000			558000	
貸倒引当金		7800		240				❸80
有価証券	171000			18000			153000	
未成工事支出金	213500		1000 2000 500 8600	93600			132000	
材料貯蔵品	2800			1000			1800	
仮払金	28000			3000 25000				
機械装置	300000						300000	
機械装置減価償却累計額		162000		2000				1640
備品	90000						90000	
備品減価償却累計額		30000		30000				❸600
支払手形		43200						432
工事未払金		102500						1025
借入金		238000						2380
未払金		124000						1240
未成工事受入金		89000		21000				1100
仮受金		28000	7000 21000					
完成工事補償引当金		24100		500				246
退職給付引当金		113900		11400				❸1253
資本金		100000						1000
繰越利益剰余金		185560						1855
完成工事高		12300000				12300000		
完成工事原価	10670800		93600		❸10764400			
販売費及び一般管理費	1167000				1167000			
受取利息配当金		23400				23400		
支払利息	17060				17060			
	13571460	13571460						
事務用消耗品費			800		800			
旅費交通費			2500		❸2500			
雑損失			600		❸600			
備品減価償却費			30000		30000			
有価証券評価損			18000		❸18000			
貸倒引当金繰入額			240		240			
退職給付引当金繰入額			2800		2800			
未払法人税等				71000				710
法人税、住民税及び事業税			96000		❸96000			
			285140	285140	12099400	12323400	1580200	13562
当期（純利益）					❸224000			2240
					12323400	12323400	1580200	15802

解説

(1) 現金実査

（事務用消耗品費）	800	（現　　　金）	1,400
（雑　　損　　失）	600		

(2) 棚卸減耗（工事原価算入）

（未成工事支出金）	1,000	（材料貯蔵品）	1,000

(3) 仮払金

① 出張旅費の仮払

（旅費交通費）	2,500	（仮　払　金）	3,000
（現　　　金）	500		

② 法人税等の中間納付額

⑾の法人税等の計上で処理します。

(4) 減価償却

① 機械装置

機械装置の減価償却費については、工事現場用であり月額4,500円が未成工事支出金に予定計上（工事原価算入）されているため、決算時の実際発生額との差額は、当期の工事原価（未成工事支出金）に加減します。

（未成工事支出金） 減価償却費	2,000*	（機械装置減価償却累計額）	2,000

* （4,500円/月×12カ月）－56,000円＝△2,000円（計上不足）
　　予定計上額　　　　　　実際発生額

② 備品

（備品減価償却費）	30,000*	（備品減価償却累計額）	30,000

* 90,000円÷3年＝30,000円

(5) 有価証券評価損

（有価証券評価損）	18,000*	（有　価　証　券）	18,000

* 153,000円－171,000円＝△18,000円
　期末時価　　帳簿価額

(6) 仮受金

① 前期に完成した工事の未収代金回収分

(仮　受　金)	7,000	(完成工事未収入金)	7,000

② 当期末において着工前に係る工事の前受金

(仮　受　金)	21,000	(未成工事受入金)	21,000

(7) 貸倒引当金の計上

(貸倒引当金繰入額)	240*	(貸倒引当金)	240

＊　(112,000円 + 565,000円 − 7,000円) × 1.2% − 7,800円 = 240円（繰入額）
受取手形　完成工事未収入金　(6)①　T/B残高

(8) 完成工事補償引当金の計上

(未成工事支出金) 完成工事補償引当金繰入額	500*	(完成工事補償引当金)	500

＊　(12,300,000円 × 0.2%) − 24,100円 = 500円（繰入額）
完成工事高　T/B残高

(9) 退職給付引当金

退職給付引当金の繰入額は、本社事務員分は退職給付引当金繰入額として処理し、現場作業員分は未成工事支出金として処理します。

(退職給付引当金繰入額)	2,800	(退職給付引当金)	11,400
(未成工事支出金) 退職給付引当金繰入額	8,600		

(10) 完成工事原価

(完成工事原価)	93,600*	(未成工事支出金)	93,600

＊　213,500円 + 1,000円 + 2,000円 + 500円 + 8,600円 − 132,000円 = 93,600円
T/B残高　(2)　(4)①　(8)　(9)　次期繰越

(11) 法人税等の計上

(法人税、住民税及び事業税)	96,000*1	(仮　払　金)	25,000*2
		(未払法人税等)	71,000*3

＊1　(12,323,400円 − 12,003,400円) × 30% = 96,000円
収益合計　費用合計

＊2　決算整理事項等(3)②法人税等の中間納付額

＊3　貸借差額

第34回　解答・解説

第1問　**20点**　仕訳　記号（A～X）も必ず記入のこと　　　仕訳一組につき４点

No.	借方			貸方		
	記号	勘定科目	金額	記号	勘定科目	金額
(例)	B	当座預金	100000	A	現金	100000
(1)	B	当座預金	1560000	C W	有価証券 有価証券売却益	1500000 60000
(2)	G	建設仮勘定	5000000	L	営業外支払手形	5000000
(3)	J S	貸倒引当金 貸倒損失	800000 800000	D	完成工事未収入金	1600000
(4)	N	資本準備金	12000000	M	資本金	12000000
(5)	D	完成工事未収入金	7350000	Q	完成工事高	7350000

解説

(1)　有価証券の売却

売買目的で所有しているA社株式は、有価証券勘定（資産）で処理されています。売却価額と帳簿価額の差額は有価証券売却益（収益）または有価証券売却損（費用）で処理します。

（当座預金）	1,560,000＊1	（有価証券）	1,500,000＊2
		（有価証券売却益）	60,000＊3

＊1　520円×3,000株＝1,560,000円

＊2　500円×3,000株＝1,500,000円

＊3　貸借差額

(2) 建設仮勘定

工事契約代金の前払分5,000,000円は建設仮勘定（資産）で処理します。また、有形固定資産の取得に際し振り出した約束手形は、通常の営業取引で用いる支払手形（負債）と区別して営業外支払手形勘定（負債）で処理します。

(3) 貸倒れ

前期の決算において、貸倒引当金を設定していた完成工事未収入金が貸し倒れた場合は、貸倒引当金勘定（資産のマイナス）を取り崩し、充当できなかった金額は貸倒損失（費用）で処理します。

貸倒引当金の設定額：1,600,000円 × 50% = 800,000円

貸倒損失：1,600,000円 − 800,000円 = 800,000円

(4) 増資

資本準備金12,000,000円を資本金に振り替えます。これは増資を行ったということになりますが、どちらも純資産の勘定なので、純資産の部には変化はありません。

(5) 工事進行基準

工事進行基準を適用している場合には、工事の進行具合に合わせて完成工事高を計上します。以下に前期からの仕訳を示します。

① 前期の完成工事高に関する仕訳

（完成工事未収入金）	5,600,000	（完成工事高）	5,600,000*

$$* \quad \underbrace{35,000,000円}_{\text{請負金額}} \times \frac{4,592,000円}{28,700,000円}(0.16) = 5,600,000円$$

② 当期の完成工事高に関する仕訳（本問の解答）

（完成工事未収入金）	7,350,000	（完成工事高）	7,350,000*

$$* \quad \underbrace{(35,000,000円 + 2,000,000円)}_{\text{請負金額}} \times \frac{4,592,000円 + 6,153,000円}{28,700,000円 + 2,000,000円}(0.35) - 5,600,000円$$

$$= 7,350,000円$$

なお、当期（第２期）において請負金額は37,000,000円に、総工事原価見積額が30,700,000円に変更されていることに注意してください。

第2問　12点

●数字…予想配点

(1)　¥ 4,358,000 ❸

(2)　¥ 167,000 ❸

(3)　¥ 30,000 ❸

(4)　¥ 190,000 ❸

解説

(1) 賃金の計算

賃金の支払高を計算するための給与計算期間と賃金の消費高の計算期間である原価計算期間は異なることがあるため、ズレを調整する必要があります。

本問において、当月の賃金の総支給額には前月未払額723,000円が含まれていますが、当月未払額821,000円が含まれていません。したがって、当月の労務費を計算する際には、総支給額4,260,000円から前月未払額を差し引き、当月未払額を加算して求めます。

ボックス図で表すと以下のようになります。

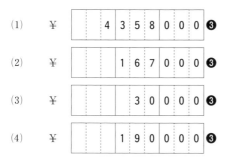

賃　　金

当月支給総額 4,260,000円	前月未払 723,000円
当月未払 821,000円	当月の労務費 **4,358,000円**

(2) 本支店会計

本問では本店における処理が問われています。

① 支店への備品の発送

支店に対して備品を発送しているので備品（資産）の減少として処理します。相手科目は支店勘定を用います。

（支　店）	85,000	（備　品）	85,000

② 支店からの送金

支店から本店に85,000円の送金を行っているため、本店では現金（資産）の増加として処理します。相手科目は支店勘定を用います。

（現　　　　金）	85,000	（支　　　　店）	85,000

③　支店の交際費の立替払い

本店は支店の交際費15,000円を立替払いしているため、現金預金など（資産）の減少として処理します。相手科目は支店勘定を用います。

（支　　　　店）	15,000	（現 金 預 金 な ど）	15,000

以上の仕訳を支店勘定に反映させます。

支　　　店

残高 152,000円	② 85,000円
① 85,000円	残高 **167,000円**
③ 15,000円	

(3) 銀行勘定調整表

当社の当座預金残高を100,000円と仮定して銀行勘定調整表を作成すると、当座預金勘定残高は、銀行の当座預金残高より**30,000円**多いことがわかります。

銀行勘定調整表　　（単位：円）

当社の当座預金残高	100,000	銀行の当座預金残高	70,000
②振込未通知	32,000	①時間外預け入れ	10,000
④引落未通知	△9,000	③未取立小切手	43,000
	123,000		123,000

(4) のれんの償却

合併時には被合併会社（A社）の資産・負債を時価で受け入れます。また、対価として現金預金などを支払っているため、現金預金など（資産）の減少として処理します。貸借差額はのれんとして処理します。

（材　　　　料）	800,000	（工 事 未 払 金）	1,200,000
（建　　　　物）	2,200,000	（借　　入　　金）	1,800,000
（土　　　　地）	1,200,000＊1	（現 金 預 金 な ど）	5,000,000
（の　れ　ん）	3,800,000＊2		

＊1　時価

＊2　貸借差額

会計基準の定めるのれんの最長償却期間は20年であるため、償却期間20年でのれんの償却を行います。

3,800,000円÷20年＝**190,000円**

第3問　14点

●数字…予想配点

未成工事支出金

前期繰越	2780000	E	❷ 13670000
材料費	863000	次期繰越	3560000
労務費	3397000		
外注費	9595000		
経費	595000		
	17230000		17230000

完成工事原価

D	13670000	F	13670000

完成工事高

F	17,500,000	完成工事未収入金	15,500,000
		B	2000000
	17,500,000		17,500,000

販売費及び一般管理費

××××	529,000	F	529000

支払利息

当座預金	21,000	F	21000

損益

E	13670000	A	17500000
G	529000		
C	21000		
繰越利益剰余金	3280000		
	❷ 17500000		17500000

完成工事原価報告書
自　20×1年 4 月 1 日
至　20×2年 3 月31日　　（単位：円）

Ⅰ. 材　料　費	❷ 757000
Ⅱ. 労　務　費	❷ 3331000
Ⅲ. 外　注　費	❷ 9004000
Ⅳ. 経　　　費	❷ 578000
（うち人件費 ❷ 65000 ）	
完成工事原価	13670000

解説

本問は勘定記入の問題です。

(1) 未成工事支出金勘定

① 前期繰越（借方）

工事原価期首残高を合計した金額が前期繰越となります。

前期繰越：186,000円 + 765,000円 + 1,735,000円 + 94,000円 = **2,780,000円**

材料費期首残高　労務費期首残高　外注費期首残高　経費期首残高

② 材料費（借方）

863,000円（材料費当期発生額）

③ 労務費（借方）

3,397,000円（労務費当期発生額）

④ 外注費（借方）

9,595,000円（外注費当期発生額）

⑤ 経費（借方）

595,000円（経費当期発生額）

⑥ 次期繰越（貸方）

工事原価次期繰越額を合算した金額が次期繰越となります。

292,000円 + 831,000円 + 2,326,000円 + 111,000円 = **3,560,000円**

材料費繰越額　労務費繰越額　外注費繰越額　経費繰越額

⑦ 完成工事原価（E）（貸方）

貸借差額で求めます。

13,670,000円

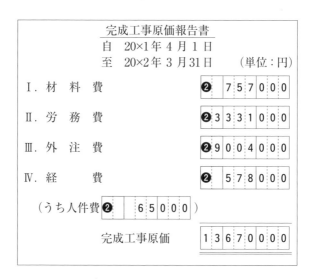

(2)　完成工事原価勘定

①　未成工事支出金（D）（借方）：**13,670,000円**

②　損益（F）（貸方）：借方と同額

(3)　完成工事高勘定

①　損益（F）（借方）：金額は記入済

②　未成工事受入金（B）（貸方）：**2,000,000円**（貸借差額）

(4)　販売費及び一般管理費勘定

①　損益（F）（貸方）

貸借差額で求めます。

529,000円

(5)　支払利息勘定

①　損益（F）（貸方）

貸借差額で求めます。

21,000円

(6)　損益勘定

各勘定の損益から振り替えて損益勘定を作成します。

①完成工事高（A）（貸方）：**17,500,000円**（完成工事高勘定から振り替え）

②完成工事原価（E）（借方）：**13,670,000円**（完成工事原価勘定から振り替え）

③販売費及び一般管理費（G）（借方）：**529,000円**（販売費及び一般管理費勘定から振り替え）

④支払利息（C）（借方）：**21,000円**（支払利息勘定から振り替え）

⑤繰越利益剰余金（借方）：**3,280,000円**（貸借差額）

(7)　完成工事原価報告書の作成

Ⅰ．材料費

186,000円（月初有高）＋863,000円（未成工事支出金勘定より）－292,000円（月末有高）＝**757,000円**

Ⅱ．労務費

765,000円（月初有高）＋3,397,000円（未成工事支出金勘定より）－831,000円（月末有高）＝**3,331,000円**

Ⅲ．外注費

1,735,000円（月初有高）＋9,595,000円（未成工事支出金勘定より）－2,326,000円（月末有高）＝**9,004,000円**

Ⅳ．経費

94,000円（月初有高）＋595,000円（未成工事支出金勘定より）－111,000円（月末有高）＝**578,000円**

経費のうち人件費

9,000円（月初有高）＋68,000円（〈資料〉より）－12,000円（月末有高）＝**65,000円**

第4問　24点

●数字…予想配点

問1

記号（AまたはB）

1	2	3	4	5
A	B	B	B	A

各❷

問2

部門費振替表　　（単位：円）

摘要	工事現場			補助部門		
	A工事	B工事	C工事	仮設部門	車両部門	機械部門
部門費合計	8,530,000	4,290,000	2,640,000	❷1680000	❷1200000	❷1440000
仮設部門費	336,000	924,000	420,000			
車両部門費	324000	600,000	❷276000			
機械部門費	❷480000	720000	240,000			
補助部門費配賦額合計	1140000	2244000	936000			
工事原価	❷9670000	❷6534000	3576000			

解説

問1　工事原価

1．No.101工事現場の安全管理講習会の費用は、工事現場の維持・管理のための費用なので「**A．工事原価に算入すべき項目**」です。

2．No.101工事を管轄する支店の総務課員給与は、工事に直接関係しない一般管理費に該当するため「**B．工事原価に算入すべきでない項目**」です。

3．本社営業部員との懇親会費用は、工事に直接関係しない一般管理費に該当するため「**B．工事原価に算入すべきでない項目**」です。

4．資材盗難による損失は、偶発的事故による損失であり、異常な状態を原因とする価値の減少として特別損失として処理するため、非原価項目になります。よって「**B．工事原価に算入すべきでない項目**」です。

5．No.101工事の外注契約書印紙代は、当該工事の契約のために必要な費用なので「**A．工事原価に算入すべき項目**」です。

問２　補助部門費の配賦

⑴　仮設部門費

A工事、B工事、C工事の仮設部門費を合計します。

336,000円 + 924,000円 + 420,000円 = 1,680,000円
A工事　B工事　C工事

⑵　車両部門費の配賦

B工事に600,000円が配賦されています。（記入済み）

そのため、未配賦額600,000円をA工事とC工事の配賦基準により配賦します。

$$600{,}000\text{円} \times \frac{135\text{t/km}}{135\text{t/km} + 115\text{t/km}} = 324{,}000\text{円（A工事）}$$

$$600{,}000\text{円} \times \frac{115\text{t/km}}{135\text{t/km} + 115\text{t/km}} = 276{,}000\text{円（C工事）}$$

⑶　機械部門費の配賦

C工事に240,000円が配賦されています。（記入済み）

そのため、未配賦額1,200,000円をA工事とB工事の配賦基準により配賦します。

配賦基準　A工事：10 × 40時間 = 400時間
　　　　　B工事：12 × 50時間 = 600時間

$$1{,}200{,}000\text{円} \times \frac{400\text{時間}}{400\text{時間} + 600\text{時間}} = 480{,}000\text{円（A工事）}$$

$$1{,}200{,}000\text{円} \times \frac{600\text{時間}}{400\text{時間} + 600\text{時間}} = 720{,}000\text{円（B工事）}$$

⑷　補助部門費配賦額合計

A工事：336,000円 + 324,000円 + 480,000円 = 1,140,000円
仮設部門費　車両部門費　機械部門費

B工事：924,000円 + 600,000円 + 720,000円 = 2,244,000円
仮設部門費　車両部門費　機械部門費

C工事：420,000円 + 276,000円 + 240,000円 = 936,000円
仮設部門費　車両部門費　機械部門費

⑸　工事原価

A工事：8,530,000円 + 1,140,000円 = 9,670,000円
部門費　補助部門費

B工事：4,290,000円 + 2,244,000円 = 6,534,000円
部門費　補助部門費

C工事：2,640,000円 + 936,000円 = 3,576,000円
部門費　補助部門費

第5問 **30点**

精　算　表

●数字…予想配点
（単位：円）

勘定科目	残高試算表 借方	残高試算表 貸方	整理記入 借方	整理記入 貸方	損益計算書 借方	損益計算書 貸方	貸借対照表 借方	貸借対照表 貸方
現金	17500			7000			10500	
当座預金	283000						283000	
受取手形	54000						54000	
完成工事未収入金	497500			9000			488500	
貸倒引当金		6800	290					❸6510
未成工事支出金	212000		1600 8400	1500 6000 112400			❸102100	
材料貯蔵品	2800		1500				❸4300	
仮払金	28000			5000 23000				
機械装置	500000						500000	
機械装置減価償却累計額		122000	6000					116000
備品	45000						45000	
備品減価償却累計額		15000		15000				30000
建設仮勘定	36000			36000				
支払手形		72200						72200
工事未払金		122500						122500
借入金		318000						318000
未払金		129000						129000
未成工事受入金		65000		16000				❸81000
仮受金		25000	9000 16000					
完成工事補償引当金		33800	5000	1600				❸30400
退職給付引当金		182600		11600				194200
資本金		100000						100000
繰越利益剰余金		156090						156090
完成工事高		1520000				1520000		
完成工事原価	1342900		112400		1354140			
販売費及び一般管理費	144900				144900			
受取利息配当金		2541				2541		
支払利息	1960				1960			
	1657340	1657340						
通信費			550		550			
雑損失			150		❸150			
備品減価償却費			15000		❸15000			
建物			36000				36000	
建物減価償却費			1500		1500			
建物減価償却累計額				1500				1500
貸倒引当金戻入				290		290		
退職給付引当金繰入額			3200		❸3200			
未払法人税等				33700				❸33700
法人税、住民税及び事業税			56700		56700			
			279590	279590	1509340	1522570	1523400	1391100
当期（純利益）					❸13230			132300
					1522570	1522570	1523400	1523400

解説

(1) 現金実査

(通信費)	5,500	(現金)	7,000
(雑損失)	1,500		

(2) 仮設材料の評価（すくい出し方式）

(材料貯蔵品)	1,500	(未成工事支出金)	1,500

(3) 仮払金

①

(完成工事補償引当金)	5,000	(仮払金)	5,000

② ⑽の法人税等の計上で処理します。

(4) 減価償却費の計上（予定計算）

① 機械装置

機械装置の減価償却費については、工事現場用であり月額5,500円が予定計上（工事原価算入）されているため、決算時の実際発生額との差額は、当期の工事原価（未成工事支出金）に加減します。

(機械装置減価償却累計額)	6,000*	(未成工事支出金)	6,000
		減価償却費	

＊ (5,500円／月×12カ月) − 60,000円 = 6,000円（過大計上）
予定計上額　実際発生額

② 備品

(備品減価償却費)	15,000*	(備品減価償却累計額)	15,000

＊ 45,000円÷3年＝15,000円

③ 建物

イ 建設仮勘定の振替

(建物)	36,000	(建設仮勘定)	36,000

ロ 建物の減価償却費の計算

(建物減価償却費)	1,500*	(建物減価償却累計額)	1,500

＊ 36,000円÷24年＝1,500円

(5) 仮受金

①

(仮受金)	9,000	(完成工事未収入金)	9,000

②

(仮受金)	16,000	(未成工事受入金)	16,000

⑹ **貸倒引当金の計上**

（貸倒引当金）	290	（貸倒引当金戻入）	290*

＊ （54,000円＋497,500円－9,000円）×1.2％－6,800円＝△290円（戻入額）
受取手形　完成工事未収入金　⑸①　T/B残高

⑺ **完成工事補償引当金の計上**

（未成工事支出金） 完成工事補償引当金繰入額	1,600*	（完成工事補償引当金）	1,600

＊ （15,200,000円×0.2％）－（33,800円－5,000円）＝1,600円（繰入額）
完成工事高　T/B残高　⑶①

⑻ **退職給付引当金**

① 管理部門（本社事務員）

（退職給付引当金繰入額）	3,200	（退職給付引当金）	3,200

② 施工部門（現場作業員）

（未成工事支出金） 退職給付引当金繰入額	8,400	（退職給付引当金）	8,400

⑼ **完成工事原価**

（完成工事原価）	112,400*	（未成工事支出金）	112,400

＊ 212,000円－1,500円－6,000円＋1,600円＋8,400円－102,100円＝112,400円
T/B残高　⑵　⑷①　⑺　⑻②　次期繰越

⑽ **法人税等の計上**

（法人税、住民税及び事業税）	56,700*	（仮払金）	23,000
		（未払法人税等）	33,700

＊ （15,225,700円－15,036,700円）×30％＝56,700円
収益合計　費用合計

スッキリシリーズ

'24年《ねん》9月《がつ》・'25年《ねん》3月《がつ》検定対策《けんていたいさく》
スッキリとける問題集《もんだいしゅう》　建設業経《けんせつぎょうけい》理《り》士《し》2級《きゅう》

（2013年度版　2013年 3 月25日　初版　第1刷発行）

2024年 6 月25日　　初　版　第1刷発行

編　著　者	滝　澤　な　な　み TAC出版開発グループ
発　行　者	多　田　敏　男
発　行　所	TAC株式会社　出版事業部 （TAC出版）
	〒101-8383 東京都千代田区神田三崎町3-2-18 電 話 03（5276）9492（営業） FAX 03（5276）9674 https://shuppan.tac-school.co.jp
印　　刷	株 式 会 社　ワ コ ー
製　　本	東京美術紙工協業組合

ISBN 978-4-300-11206-9
N.D.C. 336

建設業経理士検定講座のご案内

Web通信講座　DVD通信講座　資料通信講座（1級総合本科生のみ）

オリジナル教材　合格までのノウハウを結集！

これが TAC

テキスト

試験の出題傾向を徹底分析。最短距離での合格を目標に、確実に理解できるように工夫されています。

トレーニング

合格を確実なものとするためには欠かせないアウトプットトレーニング用教材です。出題パターンと解答テクニックを修得してください。

的中答練

講義を一通り修了した段階で、本試験形式の問題練習を繰り返しトレーニングします。これにより、一層の実力アップが図れます。

DVD

TAC専任講師の講義を収録したDVDです。画面を通して、講義の迫力とポイントが伝わり、よりわかりやすく、より効率的に学習が進められます。［DVD通信講座のみ送付］

学習メディア　ライフスタイルに合わせて選べる！

Web通信講座

見て学ぶ

スマホやタブレットにも対応

講義をブロードバンドを利用し動画で配信します。ご自身のペースに合わせて、24時間いつでも何度でも繰り返し受講することができます。また、講義動画は専用アプリにダウンロードして2週間視聴可能です。有効期間内は何度でもダウンロード可能です。

※Web通信講座の配信期間は、受講された試験月の末日までです。

TAC WEB SCHOOL ホームページ　URL　**https://portal.tac-school.co.jp/**

※お申込み前に、右記のサイトにて必ず動作環境をご確認ください。

DVD通信講座

見て学ぶ

講義を収録したデジタル映像をご自宅にお届けします。
配信期限やネット環境を気にせず受講できるので安心です。

※DVD-Rメディア対応のDVDプレーヤーでのみ受講が可能です。パソコンやゲーム機での動作保証はいたしておりません。

資料通信講座

（1級総合本科生のみ）

テキスト・添削問題を中心として学習します。

Webでも無料配信中！　スマホ タブレット　パソコン　「TAC動画チャンネル」

- 入門セミナー　※収録内容の変更のため、配信されない期間が生じる場合がございます。
- 1回目の講義（前半分）が視聴できます

詳しくは、TACホームページ
「TAC動画チャンネル」をクリック！

TAC動画チャンネル　建設業　検索

コースの詳細は、建設業経理士検定講座パンフレット・TACホームページをご覧ください。

パンフレットのご請求・お問い合わせは、
TACカスタマーセンターまで

※営業時間短縮の場合がございます。詳細はHPでご確認ください。

通話無料　**0120-509《ゴウカク》-117《イイナ》**

受付時間　月〜金　9:30〜19:00
土・日・祝　9:30〜18:00

TAC建設業経理士検定講座ホームページ

TAC建設業　検索

書籍の正誤に関するご確認とお問合せについて

書籍の記載内容に誤りではないかと思われる箇所がございましたら、以下の手順にてご確認とお問合せをしてくださいますよう、お願い申し上げます。
なお、正誤のお問合せ以外の**書籍内容に関する解説および受験指導などは、一切行っておりません。**
そのようなお問合せにつきましては、お答えいたしかねますので、あらかじめご了承ください。

1 「Cyber Book Store」にて正誤表を確認する

TAC出版書籍販売サイト「Cyber Book Store」のトップページ内「正誤表」コーナーにて、正誤表をご確認ください。

CYBER BOOK STORE TAC出版書籍販売サイト

URL:https://bookstore.tac-school.co.jp/

2 1の正誤表がない、あるいは正誤表に該当箇所の記載がない ⇒ 下記①、②のどちらかの方法で文書にて問合せをする

★ご注意ください★

お電話でのお問合せは、お受けいたしません。
①、②のどちらの方法でも、お問合せの際には、「お名前」とともに、
「対象の書籍名(○級・第○回対策も含む)およびその版数(第○版・○○年度版など)」
「お問合せ該当箇所の頁数と行数」
「誤りと思われる記載」
「正しいとお考えになる記載とその根拠」
を明記してください。
なお、回答までに1週間前後を要する場合もございます。あらかじめご了承ください。

① ウェブページ「Cyber Book Store」内の「お問合せフォーム」より問合せをする

【お問合せフォームアドレス】

https://bookstore.tac-school.co.jp/inquiry/

② メールにより問合せをする

【メール宛先 TAC出版】

syuppan-h@tac-school.co.jp

※土日祝日はお問合せ対応をおこなっておりません。
※正誤のお問合せ対応は、該当書籍の改訂版刊行月末日までといたします。

乱丁・落丁による交換は、該当書籍の改訂版刊行月末日までといたします。なお、書籍の在庫状況等により、お受けできない場合もございます。
また、各種本試験の実施の延期、中止を理由とした本書の返品はお受けいたしません。返金もいたしかねますので、あらかじめご了承くださいますようお願い申し上げます。

(2022年7月現在)

別　冊

○論点別問題編　解答用紙
○過去問題編　　問題・解答用紙

〈ご利用時の注意〉

本冊子には**論点別問題編 解答用紙**と**過去問題編 問題・解答用紙**が収録されています。

この色紙を残したままていねいに抜き取り、ご利用ください。

本冊子は以下のような構造になっております。

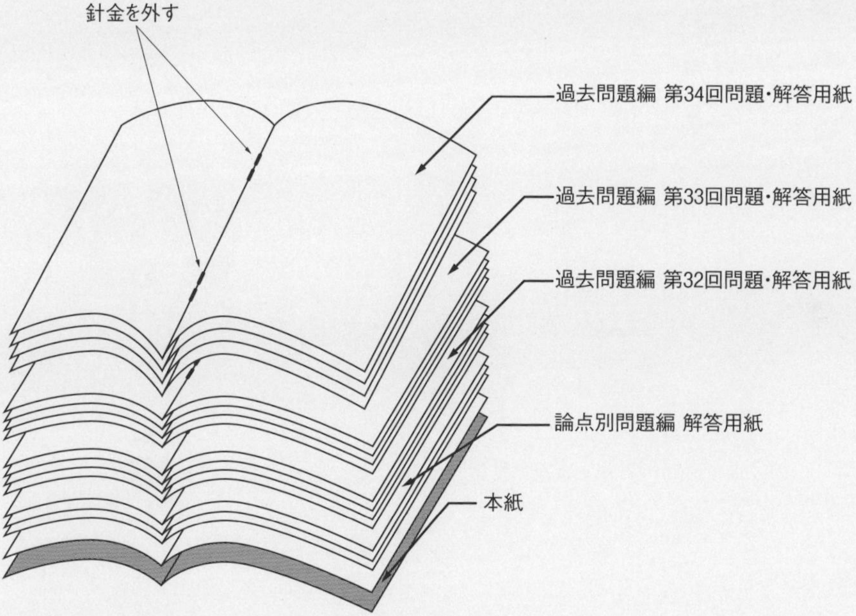

上下2カ所の針金を外してご使用ください。

針金を外す際には、ペンチ、軍手などを使用し、怪我などには十分ご注意ください。また、抜き取りの際の損傷についてのお取替えはご遠慮願います。

論点別問題編

解答用紙

解答用紙あり の問題の解答用紙です。

なお、仕訳問題の解答用紙が必要な方は
最終ページの仕訳シートをコピーしてご利用ください。

解答用紙はダウンロードもご利用いただけます。
TAC出版書籍販売サイト・サイバーブックストアにアクセスしてください。
https://bookstore.tac-school.co.jp/

問題 1

(1)	資産の増加	借方（左側）　・　貸方（右側）
(2)	資産の減少	借方（左側）　・　貸方（右側）
(3)	負債の増加	借方（左側）　・　貸方（右側）
(4)	負債の減少	借方（左側）　・　貸方（右側）
(5)	純資産の増加	借方（左側）　・　貸方（右側）
(6)	純資産の減少	借方（左側）　・　貸方（右側）
(7)	収益の増加（発生）	借方（左側）　・　貸方（右側）
(8)	収益の減少（消滅）	借方（左側）　・　貸方（右側）
(9)	費用の増加（発生）	借方（左側）　・　貸方（右側）
(10)	費用の減少（消滅）	借方（左側）　・　貸方（右側）

問題 2

現　　金

完成工事未収入金

工　事　未　払　金

完　成　工　事　高

材　　料

問題 11

銀行勘定調整表（両者区分調整法）
×1年3月31日　　　　　　　　　　　　　　（単位：円）

当社の帳簿残高		（　　）	銀行の残高証明書残高		（　　）
（加算）			（加算）		
（　　　　）	（　　）		（　　　　）	（　　）	
（　　　　）	（　　）	（　　）	（　　　　）	（　　）	（　　）
（減算）			（減算）		
（　　　　）		（　　）	（　　　　）		（　　）
		（　　）			（　　）

問題 47

平均耐用年数	年

問題 48

問1 ＿＿＿＿年　　問2 ＿＿＿＿＿＿円

	借方科目	金額	貸方科目	金額
問3				

問題 62

	借方科目	金額	貸方科目	金額
①				
②				
③				
④				
⑤				

創立費	円	株式交付費	円
開業費	円	社債発行費	円
開発費	円		

問題 81

①		②		③	
④		⑤		⑥	

問題 82

①	円	②	円	③	円
④	円	⑤	円		

問題 84

(1) 先入先出法 ＿＿＿＿＿＿＿ 円

(2) 移動平均法 ＿＿＿＿＿＿＿ 円

(3) 総 平 均 法 ＿＿＿＿＿＿＿ 円

問題 86

	借 方 科 目	金 額	貸 方 科 目	金 額
(1)				
(2)				

材　　料

前 月 繰 越	6,000		
材料仕入帳より	60,000		
		次 月 繰 越	
前 月 繰 越			

問題 87

当月の賃金消費額 ＿＿＿＿＿＿＿ 円

問題 91

	借方科目	金額	貸方科目	金額
(1)				
(2)				
(3)				
(4)				
(5)				

外　注　費

問題 92

経　費　仕　訳　帳　　　　(単位：円)

×年		摘要	費目	借方			貸方
				未成工事支出金	工事間接費	販売費及び一般管理費	金額
4	30	月割経費	減価償却費		(　　)	375	(　　)
	〃	測定経費	動力用光熱費		(　　)		(　　)
	〃	支払経費	設計費	(　　)			(　　)
	〃	〃	修繕費	3,750	(　　)		(　　)
				(　　)	(　　)	375	33,750

問題 94

当月の経費消費額 ＿＿＿＿＿＿ 円

問題 95

未成工事支出金　(単位：円)

前月繰越	400,000	完成工事原価	(　　)
材料費	(　　)	次月繰越	(　　)
賃金	600,000		
外注費	1,160,000		
経費	500,000		
工事間接費	1,200,000		
	(　　)		(　　)

原価計算表　(単位：円)

	建物A	建物B	建物C	合計
月初未成工事原価	(　　)	—	220,000	(　　)
直接材料費	240,000	360,000	260,000	(　　)
直接労務費	160,000	(　　)	200,000	(　　)
直接外注費	(　　)	340,000	380,000	(　　)
直接経費	(　　)	(　　)	—	(　　)
工事間接費	(　　)	(　　)	(　　)	(　　)
合計	(　　)	1,500,000	(　　)	(　　)

問題 96

完成工事原価報告書

自×4年4月1日　至×5年3月31日　　(単位：円)

1. 材　料　費　(　　　　)
2. 労　務　費　(　　　　)
   [うち労務外注費(　　　　)]
3. 外　注　費　(　　　　)
4. 経　　　費　(　　　　)
   [うち人件費(　　　　)]

完成工事原価　(　　　　)

問題 97

(1) 工事間接費配賦額：建物A　＿＿＿＿円

建物B　＿＿＿＿円

建物C　＿＿＿＿円

(2) 工事間接費配賦差異：　＿＿＿＿円(　　)差異

※(　)内には「借方」または「貸方」を記入すること。

問題 98

部門費振替表　　(単位：円)

摘要	合計	施工部門		補助部門	
		第1施工部門	第2施工部門	修繕部門	車両部門
部門個別費					
部門共通費					
倉庫用建物減価償却費					
電力料					
部門費					
修繕部門費					
車両部門費					
合計					

問題 99

部門費振替表

(単位：円)

摘要	合計	施工部門		補助部門	
		第1施工部門	第2施工部門	材料部門	保全部門
部門費	249,800	120,000	90,000	25,800	14,000
第1次配賦					
材料部門費				—	
保全部門費					—
第2次配賦					
材料部門費					
保全部門費					
合計					

問題 100

部門費振替表

(単位：円)

摘要	合計	施工部門		補助部門		
		第1施工部門	第2施工部門			
部門個別費						
部門共通費						
部門費						
合計						

第1施工部門

工事間接費	( )		
材料管理部門	( )		
機械部門	( )		
修繕部門	( )		
	( )		

第2施工部門

工事間接費	( )		
材料管理部門	( )		
機械部門	( )		
修繕部門	( )		
	( )		

修繕部門

工事間接費	( )	第1施工部門	( )
材料管理部門	( )	第2施工部門	( )
機械部門	( )		
	( )		( )

機械部門

工事間接費	( )	第1施工部門	( )
材料管理部門	( )	第2施工部門	( )
		修繕部門	( )
	( )		( )

材料管理部門

工事間接費	( )	第1施工部門	( )
		第2施工部門	( )
		修繕部門	( )
		機械部門	( )
	( )		( )

問題 101

(1)　**部門別予定配賦率**

第1施工部門　@＿＿＿＿＿＿円　　第2施工部門　@＿＿＿＿＿＿円

(2)　**工事台帳別予定配賦額**

建物A　＿＿＿＿＿＿円　　建物B　＿＿＿＿＿＿円

問題 102

問1

部門費振替表

(単位：円)

摘要	合計	施工部門		補助部門		
		切削部門	組立部門	修繕部門	材料倉庫部門	車両部門
部門個別費	1,228,000	558,000	491,000	137,000	37,000	5,000
部門共通費						
建物減価償却費						
機械保険料						
部門費						
修繕部門費						
材料倉庫部門費						
車両部門費						
合計						

問2　部門別予定配賦率

切削部門　@＿＿＿＿＿＿円　　組立部門　@＿＿＿＿＿＿円

問3　建物Aに対する工事間接費予定配賦額＿＿＿＿＿＿円

問題 104

	第1期	第2期	第3期
完成工事高	円	円	円
完成工事原価	円	円	円
完成工事総利益	円	円	円

問題 105

	工事進行基準	工事完成基準
完成工事未収入金	円	円
未成工事支出金	円	円
未成工事受入金	円	円

問題 106

	第1期	第2期	第3期
完成工事高	円	円	円
完成工事原価	円	円	円
完成工事総利益	円	円	円

過去問題編

問題・解答用紙

3回分収載

- 第32回試験（2023年3月実施）
- 第33回試験（2023年9月実施）
- 第34回試験（2024年3月実施）

解答用紙はダウンロードもご利用いただけます。
TAC出版書籍販売サイト・サイバーブックストアにアクセスしてください。

https://bookstore.tac-school.co.jp/

第32回　問題

第1問
20点

次の各取引について仕訳を示しなさい。使用する勘定科目は下記の〈勘定科目群〉から選び、その記号（A～X）と勘定科目を書くこと。なお、解答は次に掲げた（例）に対する解答例にならって記入しなさい。

（例）現金¥100,000を当座預金に預け入れた。

(1)　甲社は株主総会の決議により、資本金¥12,000,000を減資した。

(2)　乙社は、確定申告時において法人税を現金で納付した。対象事業年度の法人税額は¥3,800,000であり、期中に中間申告として¥1,500,000を現金で納付済である。

(3)　丙工務店は、自己所有の中古のクレーン（簿価¥1,500,000）と交換に、他社のクレーンを取得し交換差金¥100,000を小切手を振り出して支払った。

(4)　前期に貸倒損失として処理済の完成工事未収入金¥520,000が現金で回収された。

(5)　前期に着工した請負金額¥28,000,000のA工事については、工事進行基準を適用して収益計上している。前期における工事原価発生額は¥1,666,000であり、当期は¥9,548,000であった。工事原価総額の見積額は当初¥23,800,000であったが、当期において見積額を¥24,920,000に変更した。工事進捗度の算定について原価比例法によっている場合、当期の完成工事高に関する仕訳を

第2問 12点

次の□に入る正しい金額を計算しなさい。

(1) 当月の賃金支給総額は¥31,530,000であり、所得税¥1,600,000、社会保険料¥4,215,000を控除して現金にて支給される。前月末の未払賃金残高が¥9,356,000で、当月の労務費が¥32,210,000であったとすれば、当月末の未払賃金残高は¥□である。

(2) 期末にX銀行の当座預金の残高証明書を入手したところ、¥1,280,000であり、当社の勘定残高とは¥□の差異が生じていた。そこで、差異分析を行ったところ、次の事実が判明した。

① 決算日に現金¥5,000を預け入れたが、銀行の閉店後であったため、翌日の入金として取り扱われていた。

② 備品購入代金の決済のため振り出した小切手¥15,000が、相手先に未渡しであった。

③ 借入金の利息¥2,000が引き落とされていたが、その通知が当社に未達であった。

④ 材料の仕入先に対して振り出していた小切手¥18,000がまだ銀行に呈示されていなかった。

(3) 工事用機械（取得価額¥12,500,000、残存価額ゼロ、耐用年数８年）を20×1年期首に取得し定額法で償却してきたが、20×5年期末において¥5,000,000で売却した。このときの固定資産売却損益は¥□である。

(4) 前期に倉庫（取得価額¥3,500,000、減価償却累計額¥2,500,000）を焼失した。同倉庫には火災保険が付してあり、査定中となっていたが、当期に保険会社から正式な査定を受け、現金¥□を受け取ったため、保険差益¥200,000を計上した。

第4問 24点

以下の問に解答しなさい。

問1　以下の文章の［　　］に入れるべき最も適当な用語を下記の〈用語群〉の中から選び、記号（A～G）で解答しなさい。

部門共通費の配賦基準は、その性質によって、［　1　］配賦基準（動力使用量など）、［　2　］配賦基準（作業時間など）、［　3　］配賦基準（建物専有面積など）に分類することができる。また、その単一性によって、単一配賦基準、複合配賦基準に分類することができ、複合配賦基準の具体的な例としては、［　4　］などがある。

〈用語群〉

A　規模　　B　運搬回数　　C　サービス量　　D　重量×運搬回数　　E　費目一括
F　従業員数　　G　活動量

問2　20×2年9月の工事原価に関する次の〈資料〉に基づいて、当月（9月）の完成工事原価報告書を完成しなさい。また、工事間接費配賦差異勘定の月末残高を計算しなさい。なお、その残高が借方の場合は「A」、貸方の場合は「B」を解答用紙の所定の欄に記入しなさい。

3．当月における材料の棚卸・受払に関するデータ（材料消費単価の決定方法は先入先出法による）

日付	摘要	数量（Kg）	単価（円）
9月1日	前月繰越	800	220
9月2日	No.801工事に払出	400	
9月5日	X建材より仕入	1,600	250
9月9日	No.901工事に払出	1,200	
9月15日	No.701工事に払出	600	
9月22日	Y建材より仕入	1,200	180
9月26日	No.901工事に払出	400	
9月27日	No.902工事に払出	500	

4．当月に発生した工事直接費（単位：円）

工事番号	No.701	No.801	No.901	No.902
材料費	（各自計算）	（各自計算）	（各自計算）	（各自計算）
労務費	450,000	513,000	819,000	621,000
外注費	1,120,000	2,321,000	1,523,000	820,000
直接経費	290,000	385,000	302,000	212,000

5．当月の甲部門および乙部門において発生した工事間接費の配賦（予定配賦法）

(1) 甲部門の配賦基準は直接材料費基準であり、当会計期間の予定配賦率は３％である。

第5問 30点

次の〈決算整理事項等〉に基づき、解答用紙の精算表を完成しなさい。なお、工事原価は未成工事支出金を経由して処理する方法によっている。会計期間は１年である。また、決算整理の過程で新たに生じる勘定科目で、精算表上に指定されている科目はそこに記入すること。なお、計算過程において端数が生じた場合には円未満を切り捨てること。

〈決算整理事項等〉

(1)　期末における現金帳簿残高は¥23,500であるが、実際の手元有高は¥22,800であった。原因は不明である。

(2)　仮設材料費の把握はすくい出し方式を採用しているが、現場から撤去されて倉庫に戻された評価額¥1,200について未処理である。

(3)　仮払金の期末残高は、以下の内容であることが判明した。

①　¥900は借入金利息の３か月分であり、うち１か月は前払いである。

②　¥31,700は法人税等の中間納付額である。

(4)　減価償却については、以下のとおりである。なお、当期中の固定資産の増減取引は③のみである。

①　機械装置（工事現場用）　　実際発生額　¥45,000

なお、月次原価計算において、月額¥3,500を未成工事支出金に予定計上している。当期の予定計上額と実際発生額との差額は当期の工事原価（未成工事支出金）に加減する。

第32回　解答用紙

第1問　20点

仕訳　記号（A～X）も必ず記入のこと

No.	借方			貸方		
	記号	勘定科目	金額	記号	勘定科目	金額
(例)	B	当座預金	100000	A	現金	100000
(1)						
(2)						
(3)						

第3問　14点

問1　¥

問2　¥

問3　¥　　記号（AまたはB）

第4問　24点

問1

記号（A～G）

1	2	3	4

第5問 30点

精　　算　　表

（単位：円）

勘定科目	残高試算表		整理記入		損益計算書		貸借対照表	
	借方	貸方	借方	貸方	借方	貸方	借方	貸方
現金	23500							
当座預金	152900							
受取手形	255000							
完成工事未収入金	457000							
貸倒引当金		8000						
未成工事支出金	151900							
材料貯蔵品	3300							
仮払金	32600							
機械装置	250000							
機械装置減価償却累計額		150000						
備品	60000							
備品減価償却累計額		20000						
建設仮勘定	48000							
支払手形		32500						
工事未払金		95000						
借入金		196000						

第33回　問題

第1問　20点

次の各取引について仕訳を示しなさい。使用する勘定科目は下記の〈勘定科目群〉の中から選び、その記号（A～X）と勘定科目を書くこと。なお、解答は次に掲げた（例）に対する解答例にならって記入しなさい。

（例）現金￥100,000を当座預金に預け入れた。

(1)　株主総会において、別途積立金￥1,800,000を取り崩すことが決議された。

(2)　本社事務所の新築工事が完成し引渡しを受けた。契約代金￥21,000,000のうち、契約時に￥7,000,000を現金で支払っており、残額は小切手を振り出して支払った。

(3)　社債（額面総額：￥5,000,000、償還期間：５年、年利：1.825%、利払日：毎年９月と３月の末日）を￥100につき￥98で５月１日に買入れ、端数利息とともに小切手を振り出して支払った。

(4)　機械（取得原価：￥8,200,000、減価償却累計額：￥4,920,000）を焼失した。同機械には火災保険が付してあり査定中である。

(5)　前期に完成し引き渡した建物に欠陥があったため、当該補修工事に係る外注工事代￥500,000（代金は未払い）が生じた。なお、完成工事補償引当金の残高は￥1,500,000である。

第2問 12点

次の［　　］に入る正しい数値を計算しなさい。

(1)　材料元帳の期末残高は数量が3,200個であり、単価は￥150であった。実地棚卸の結果、棚卸減耗50個が判明した。この材料の期末における取引価格が単価￥［　　］である場合、材料評価損は￥25,200である。

(2)　前期に請負金額￥80,000,000のＡ工事（工期は５年）を受注し、収益の認識については前期より工事進行基準を適用している。当該工事の前期における総見積原価は￥60,000,000であったが、当期末において、総見積原価を￥56,000,000に変更した。前期における工事原価の発生額は￥9,000,000であり、当期は￥10,600,000である。工事進捗度の算定を原価比例法によっている場合、当期の完成工事高は￥［　　］である。

(3)　次の４つの機械装置を償却単位とする総合償却を実施する。

機械装置Ａ（取得原価：￥2,500,000、耐用年数：５年、残存価額：￥250,000）
機械装置Ｂ（取得原価：￥5,200,000、耐用年数：９年、残存価額：￥250,000）
機械装置Ｃ（取得原価：￥600,000、耐用年数：３年、残存価額：￥90,000）
機械装置Ｄ（取得原価：￥300,000、耐用年数：３年、残存価額：￥30,000）

この償却単位に定額法を適用し、加重平均法で計算した平均耐用年数は［　　］年である。なお、小数点以下は切り捨てるものとする。

(4)　甲社（決算日は３月31日）は、就業規則において、賞与の支給月を６月と12月の年２回、支

第4問 24点

以下の問に解答しなさい。

問１　次の費用あるいは損失は、原価計算制度によれば、下記の〈区分〉のいずれに属するものか、記号（A～C）で解答しなさい。

１．鉄骨資材の購入と現場搬入費
２．本社経理部職員の出張旅費
３．銀行借入金利子
４．資材盗難による損失
５．工事現場監督者の人件費

〈区　分〉
A　プロダクト・コスト（工事原価）
B　ピリオド・コスト（期間原価）
C　非原価

問２　次の〈資料〉により、解答用紙の「工事別原価計算表」を完成しなさい。また、工事間接費配賦差異の月末残高を計算しなさい。なお、その残高が借方の場合は「A」、貸方の場合は

4．当月の工事別直接原価額　（単位：円）

工事番号	No.501	No.502	No.601	No.602
材料費	258,000	427,000	544,000	175,000
労務費	（資料により各自計算）			
外注費	765,000	958,000	2,525,000	419,000
経費	95,700	113,700	195,600	62,800

5．工事間接費の配賦方法と実際発生額

(1) 工事間接費については直接原価基準による予定配賦法を採用している。

(2) 当会計期間の直接原価の総発生見込額は¥56,300,000である。

(3) 当会計期間の工事間接費予算額は¥2,252,000である。

(4) 工事間接費の当月実際発生額は¥341,000である。

(5) 工事間接費はすべて経費である。

第5問 30点

次の〈決算整理事項等〉に基づき、解答用紙の精算表を完成しなさい。なお、工事原価は未成工事支出金を経由して処理する方法によっている。会計期間は1年である。また、決算整理の過程で新たに生じる勘定科目で、精算表上に指定されている科目はそこに記入すること。

〈決算整理事項等〉

(9)　退職給付引当金の当期繰入額は本社事務員について¥2,800、現場作業員について¥8,600である。

(10)　上記の各調整を行った後の未成工事支出金の次期繰越額は¥132,000である。

(11)　当期の法人税、住民税及び事業税として税引前当期純利益の30%を計上する。

第33回　解答用紙

第1問　20点

仕訳　記号（A～X）も必ず記入のこと

No.	借方			貸方		
	記号	勘定科目	金額	記号	勘定科目	金額
(例)	B	当座預金	100000	A	現金	100000
(1)						
(2)						
(3)						

第3問　14点

部門費振替表

（単位：円）

摘　　要	合　　計	施工部門			補助部門		
		工事第1部	工事第2部	工事第3部	(　　)部門	(　　)部門	(　　)部門
部門費合計							
(　　)部門							—
(　　)部門							—
(　　)部門						—	—
合　　計					—	—	—
(配賦金額)	—				—	—	—

第4問 24点

問1

記号（A～C）

1	2	3	4	5

問2

工事別原価計算表

（単位：円）

摘要	No.501	No.502	No.601	No.602	計
月初未成工事原価			——	——	
当月発生工事原価					
材料費					
労務費					

第5問　30点

精　算　表

(単位：円)

勘定科目	残高試算表		整理記入		損益計算書		貸借対照表	
	借方	貸方	借方	貸方	借方	貸方	借方	貸方
現金	19800							
当座預金	214500							
受取手形	112000							
完成工事未収入金	565000							
貸倒引当金		7800						
有価証券	171000							
未成工事支出金	213500							
材料貯蔵品	2800							
仮払金	28000							
機械装置	300000							
機械装置減価償却累計額		162000						
備品	90000							
備品減価償却累計額		30000						
支払手形		43200						
工事未払金		102500						

第34回　問題

第1問
20点

次の各取引について仕訳を示しなさい。使用する勘定科目は下記の〈勘定科目群〉から選び、その記号（A～X）と勘定科目を書くこと。なお、解答は次に掲げた（例）に対する解答例にならって記入しなさい。

（例）現金￥100,000を当座預金に預け入れた。

(1)　当期に売買目的で所有していたA社株式12,000株（売却時の1株当たり帳簿価額￥500）のうち、3,000株を1株当たり￥520で売却し、代金は当座預金に預け入れた。

(2)　本社事務所の新築のため外注工事を契約し、契約代金￥20,000,000のうち￥5,000,000を前払いするため約束手形を振り出した。

(3)　前期の決算で、滞留していた完成工事未収入金￥1,600,000に対して50％の貸倒引当金を設定していたが、当期において全額貸倒れとなった。

(4)　株主総会の決議により資本準備金￥12,000,000を資本金に組み入れ、株式500株を交付した。

(5)　前期に着工したP工事は、工期4年、請負金額￥35,000,000、総工事原価見積額￥28,700,000であり、工事進行基準を適用している。当期において、資材高騰の影響等により、総工事原価見積額を￥2,000,000増額したことに伴い、同額の追加請負金を発注者より獲得することとなった。前

第2問 12点

次の□に入る正しい金額を計算しなさい。

(1) 当月の賃金について、支給総額￥4,260,000から源泉所得税等￥538,000を控除し、現金にて支給した。前月賃金未払高が￥723,000で、当月賃金未払高が￥821,000であったとすれば、当月の労務費は￥□である。

(2) 本店における支店勘定は期首に￥152,000の借方残高であった。期中に、本店から支店に備品￥85,000を発送し、支店から本店に￥85,000の送金があり、支店が負担すべき交際費￥15,000を本店が立替払いしたとすれば、本店の支店勘定は期末に￥□の借方残高となる。

(3) 期末に当座預金勘定残高と銀行の当座預金残高の差異分析を行ったところ、次の事実が判明した。①銀行閉店後に現金￥10,000を預け入れたが、翌日の入金として取り扱われていた。②工事代金の未収分￥32,000の振込みがあったが、その通知が当社に届いていなかった、③銀行に取立依頼した小切手￥43,000の取立てが未完了であった、④通信代￥9,000が引き落とされていたが、その通知が当社に未達であった。このとき、当座預金勘定残高は、銀行の当座預金残高より￥□多い。

(4) A社を￥5,000,000で買収した。買収直前のA社の資産・負債の簿価は、材料￥800,000、建物￥2,200,000、土地￥500,000、工事未払金￥1,200,000、借入金￥1,800,000であり、土地については時価が￥1,200,000であった。この取引により発生したのれんについて、会計基準が定める最長期間で償却した場合の1年分の償却額は￥□である。

第４問　24点

次の各問に解答しなさい。

問１　当月に、次のような費用が発生した。No.101工事の工事原価に算入すべき項目については「A」、工事原価に算入すべきでない項目については「B」を解答用紙の所定の欄に記入しなさい。

1．No.101工事現場の安全管理講習会費用
2．No.101工事を管轄する支店の総務課員給与
3．本社営業部員との懇親会費用
4．No.101工事現場での資材盗難による損失
5．No.101工事の外注契約書印紙代

問２　次の〈資料〉に基づき、解答用紙の部門費振替表を完成しなさい。なお、配賦方法については、直接配賦法によること。

〈資料〉

1．補助部門費の配賦基準と配賦データ

補助部門	配賦基準	A工事	B工事	C工事

第5問 30点

次の〈決算整理事項等〉に基づき、解答用紙の精算表を完成しなさい。なお、工事原価は未成工事支出金を経由して処理する方法によっている。会計期間は1年である。また、決算整理の過程で新たに生じる勘定科目で、精算表上に指定されている科目はそこに記入すること。

〈決算整理事項等〉

(1) 期末における現金帳簿残高は￥17,500であるが、実際の手元有高は￥10,500であった。調査の結果、不足額のうち￥5,500は郵便切手の購入代金の記帳漏れであった。それ以外の原因は不明である。

(2) 仮設材料費の把握はすくい出し方式を採用しているが、現場から撤去されて倉庫に戻された評価額￥1,500について未処理であった。

(3) 仮払金の期末残高は、次の内容であることが判明した。

① ￥5,000は過年度の完成工事に関する補修費であった。

② ￥23,000は法人税等の中間納付額である。

(4) 減価償却については、次のとおりである。なお、当期中の固定資産の増減取引は③のみである。

① 機械装置（工事現場用）　　実際発生額　￥60,000

なお、月次原価計算において、月額￥5,500を未成工事支出金に予定計上している。当期の予定計上額と実際発生額との差額は当期の工事原価（未成工事支出金）に加減する。

第34回　解答用紙

第1問　20点

仕訳　記号（A～X）も必ず記入のこと

No.	借方 記号	借方 勘定科目	借方 金額	貸方 記号	貸方 勘定科目	貸方 金額
(例)	B	当座預金	100000	A	現金	100000
(1)						
(2)						
(3)						

第3問　14点

未成工事支出金

前期繰越			
材料費		次期繰越	
労務費			
外注費			
経費			

完成工事原価

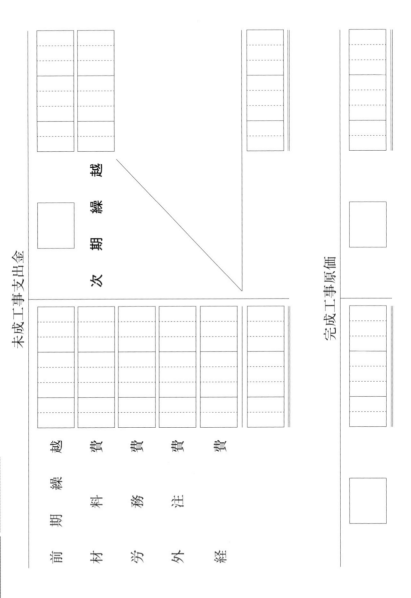

損　　益

繰越利益剰余金

完成工事原価報告書

自　20×1年4月1日
至　20×2年3月31日　　　　（単位：円）

Ⅰ．材　料　費

Ⅱ．労　務　費

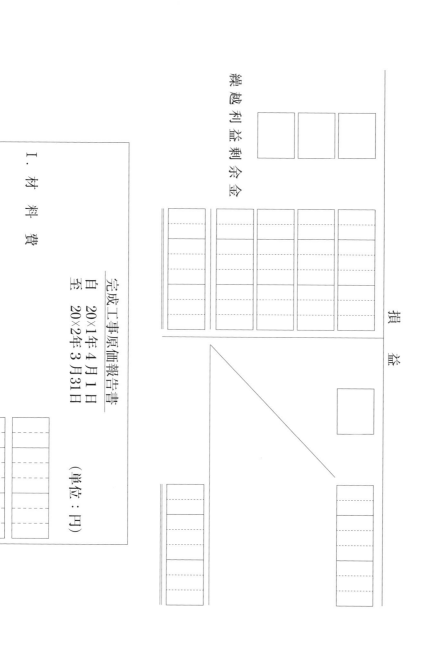

第4問 24点

問1

記号（AまたはB）

1	2	3	4	5

問2

部門費振替表

（単位：円）

摘　　要	工事現場			補助部門		
	A工事	B工事	C工事	仮設部門	車両部門	機械部門
部門費合計	8,530,000	4,290,000	2,640,000			
仮設部門費	336,000	924,000	420,000			
車両部門費		600,000				
機械部門費			240,000			
補助部門費配賦額合計						

第5問　30点

精　算　表

（単位：円）

勘定科目	残高試算表		整理記入		損益計算書		貸借対照表	
	借方	貸方	借方	貸方	借方	貸方	借方	貸方
現金	17500							
当座預金	283000							
受取手形	54000							
完成工事未収入金	497500							
貸倒引当金		6800						
未成工事支出金	212000							
材料貯蔵品	2800							
仮払金	28000							
機械装置	500000							
機械装置減価償却累計額		122000						
備品	45000							
備品減価償却累計額		15000						
建設仮勘定	36000							
支払手形		72200						
工事未払金		122500						
借入金		218000						

〈勘定科目群〉

A	現金	B	当座預金	C	受取手形	D	完成工事未収入金
E	未成工事支出金	F	仮払法人税等	G	機械装置	H	工事未払金
J	貸倒引当金	K	未払法人税等	L	資本金	M	その他資本剰余金
N	利益準備金	Q	完成工事高	R	完成工事原価	S	貸倒損失
T	貸倒引当金戻入益	U	償却債権取立益	W	固定資産売却益	X	法人税、住民税及び事業税

14点　て、下記の問に解答しなさい。

〈資　料〉

(1)	当会計期間の従業員給料手当予算額		￥78,660,000
(2)	当会計期間の現場管理延べ予定作業時間		34,200時間
(3)	当月の工事現場管理実際作業時間	No.101工事	350時間
		No.201工事	240時間
		その他の工事	2,100時間
(4)	当月の従業員給料手当実際発生額	総額	￥6,200,000

問１　当会計期間の予定配賦率を計算しなさい。なお、計算過程において端数が生じた場合は、円未満を四捨五入すること。

問２　当月のNo.201工事への予定配賦額を計算しなさい。

問３　当月の配賦差異を計算しなさい。なお、配賦差異については、借方差異の場合は「A」、貸方差異の場合は「B」を解答用紙の所定の欄に記入しなさい。

工事番号	No.701	No.801	No.901	No.902
着工	7月	8月	9月	9月
竣工	9月	9月	9月	12月（予定）

2．前月から繰り越した工事原価に関する各勘定残高

(1) 未成工事支出金　（単位：円）

工事番号	No.701	No.801
材料費	218,000	171,000
労務費	482,000	591,000
外注費	790,000	621,000
経費	192,000	132,000
合計	1,682,000	1,515,000

(2) 工事間接費配賦差異　甲部門　¥5,600（借方残高）　乙部門　¥2,300（貸方残高）

（注）工事間接費配賦差異は月次においては繰り越すこととしている。

当月の工事別直接作業時間　　　　　　　　　　　　（単位：時間）

工事番号	No.701	No.801	No.901	No.902
作業時間	15	32	124	29

(3)　工事間接費の当月実際発生額　　甲部門　¥20,000　　乙部門　¥441,000

(4)　工事間接費は経費として処理している。

③　建設仮勘定　　適切な科目に振替えた上で、以下の事項により減価償却費を計上する。
　　当期首に完成した本社事務所
　　取得原価　¥48,000　　残存価額　ゼロ　　耐用年数　24年　　減価償却方法　定額法

(5)　仮受金の期末残高¥12,000は、前期に完成した工事の未収代金回収分であることが判明した。

(6)　売上債権の期末残高に対して1.2%の貸倒引当金を計上する（差額補充法）。

(7)　完成工事高に対して0.2%の完成工事補償引当金を計上する（差額補充法）。

(8)　賞与引当金の当期繰入額は本社事務員について¥5,000、現場作業員について¥13,500である。

(9)　退職給付引当金の当期繰入額は本社事務員について¥3,200、現場作業員について¥9,300である。

(10)　上記の各調整を行った後の未成工事支出金の次期繰越額は¥112,300である。

(11)　当期の法人税、住民税及び事業税として税引前当期純利益の30%を計上する。

(5)						

第2問　12点

(1)　¥

(2)　¥

(3)　¥

(4)　¥

完成工事原価報告書
自　20×2年9月1日
至　20×2年9月30日

（単位：円）

Ⅰ．材　料　費	
Ⅱ．労　務　費	
Ⅲ．外　注　費	
Ⅳ．経　　　費	
完成工事原価	

工事間接費配賦差異月末残高　　　　円　　記号（AまたはB）

完成工事補償引当金		19000						
退職給付引当金		187000						
資本金		100000						
繰越利益剰余金		117320						
完成工事高		9583000						
完成工事原価	7566000							
販売費及び一般管理費	1782000							
受取利息配当金		17280						
支払利息	36000							
	10818200	10818200						
雑損失								
前払費用								
備品減価償却費								
建物								
建物減価償却費								
建物減価償却累計額								
貸倒引当金繰入額								
賞与引当金繰入額								
賞与引当金								
退職給付引当金繰入額								
未払法人税等								
法人税、住民税及び事業税								
当期（　　　）								

E	建設仮勘定	F	工事未払金	G	機械装置減価償却累計額	H	完成工事補償引当金
J	機械装置	K	別途積立金	L	繰越利益剰余金	M	社債
N	社債利息	Q	外注費	R	完成工事補償引当金繰入	S	有価証券利息
T	支払利息	U	火災未決算	W	保険差益	X	火災損失

第3問 14点

次の〈資料〉に基づき、適切な部門および金額を記入し、解答用紙の「部門費振替表」を作成しなさい。配賦方法は「階梯式配賦法」とし、補助部門費に関する配賦は第1順位を運搬部門、第2順位を機械部門、第3順位を仮設部門とする。また、計算の過程において端数が生じた場合には、円未満を四捨五入すること。

〈資　料〉

(1) 各部門費の合計額

工事第1部	¥5,435,000	工事第2部	¥8,980,000	工事第3部	¥2,340,000
運搬部門	¥185,000	機械部門	¥425,300	仮設部門	¥253,430

(2) 各補助部門の他部門へのサービス提供度合

（単位：%）

	工事第1部	工事第2部	工事第3部	仮設部門	機械部門	運搬部門
運搬部門	25	40	28	5	2	−
機械部門	32	35	25	8	−	−
仮設部門	30	40	30	−	−	−

〈資　料〉

1．当月は、繰越工事であるNo.501工事とNo.502工事、当月に着工したNo.601工事とNo.602工事を施工し、月末にはNo.501工事とNo.601工事が完成した。

2．前月から繰り越した工事原価に関する各勘定の前月繰越高は、次のとおりである。

(1)　未成工事支出金　　　　（単位：円）

工事番号	No.501	No.502
材料費	235,000	580,000
労務費	329,000	652,000
外注費	650,000	1,328,000
経　費	115,000	218,400

(2)　工事間接費配賦差異　　￥3,500（借方残高）

（注）工事間接費配賦差異は月次においては繰り越すこととしている。

3．労務費に関するデータ

(1)　労務費計算は予定賃率を用いており、当会計期間の予定賃率は1時間当たり￥2,100である。

(2)　当月の直接作業時間

No.501　153時間　　No.502　253時間　　No.601　374時間　　No.602　192時間

とが判明した。それ以外の原因は不明である。

(2) 材料貯蔵品の期末実地棚卸により、棚卸減耗損￥1,000が発生していることが判明した。棚卸減耗損については全額工事原価として処理する。

(3) 仮払金の期末残高は、以下の内容であることが判明した。

① ￥3,000は本社事務員の出張仮払金であった。精算の結果、実費との差額￥500が本社事務員より現金にて返金された。

② ￥25,000は法人税等の中間納付額である。

(4) 減価償却については、以下のとおりである。なお、当期中に固定資産の増減取引はない。

① 機械装置（工事現場用）　　実際発生額　￥56,000

なお、月次原価計算において、月額￥4,500を未成工事支出金に予定計上している。当期の予定計上額と実際発生額との差額は当期の工事原価に加減する。

② 備品（本社用）　　以下の事項により減価償却費を計上する。

取得原価　￥90,000　　残存価額　ゼロ　　耐用年数　3年　　減価償却方法　定額法

(5) 有価証券（売買目的で所有）の期末時価は￥153,000である。

(6) 仮受金の期末残高は、以下の内容であることが判明した。

① ￥7,000は前期に完成した工事の未収代金回収分である。

② ￥21,000は当期末において着工前の工事に係る前受金である。

(7) 売上債権の期末残高に対して1.2%の貸倒引当金を計上する（差額補充法）。

(8) 完成工事高に対して0.2%の完成工事補償引当金を計上する（差額補充法）。

(5)										

第2問　12点

(1)　¥

(2)　¥

(3)　　年

(4)　¥

直 接 経 費					
工 事 間 接 費					
当月完成工事原価		—		—	
月末未成工事原価	—		—		

工事間接費配賦差異月末残高　¥

記号（AまたはB）

仮受金		28000						
完成工事補償引当金		24100						
退職給付引当金		113900						
資本金		100000						
繰越利益剰余金		185560						
完成工事高		12300000						
完成工事原価	10670800							
販売費及び一般管理費	1167000							
受取利息配当金		23400						
支払利息	17060							
	13571460	13571460						
事務用消耗品費								
旅費交通費								
雑損失								
備品減価償却費								
有価証券評価損								
貸倒引当金繰入額								
退職給付引当金繰入額								
未払法人税等								
法人税、住民税及び事業税								
当期（　　　）								

〈勘定科目群〉

A	現金	B	当座預金	C	有価証券	D	完成工事未収入金
E	受取手形	F	前払費用	G	建設仮勘定	H	建物
J	貸倒引当金	K	未払金	L	営業外支払手形	M	資本金
N	資本準備金	Q	完成工事高	R	完成工事原価	S	貸倒損失
T	貸倒引当金繰入額	U	貸倒引当金戻入	W	有価証券売却益	X	有価証券売却損

第3問 14点

次の〈資料〉に基づき、解答用紙に示す各勘定口座に適切な勘定科目あるいは金額を記入し、完成工事原価報告書を作成しなさい。なお、記入すべき勘定科目については、下記の〈勘定科目群〉から選び、その記号（A～G）で解答しなさい。

〈資料〉

（単位：円）

	材料費	労務費	外注費	経費（うち、人件費）
工事原価期首残高	186,000	765,000	1,735,000	94,000　(9,000)
工事原価次期繰越額	292,000	831,000	2,326,000	111,000（12,000）
当期の工事原価発生額	863,000	3,397,000	9,595,000	595,000（68,000）

〈勘定科目群〉

A　完成工事高　　B　未成工事受入金　　C　支払利息　　D　未成工事支出金

E　完成工事原価　　F　損益　　G　販売費及び一般管理費

機械部門	馬力数×時間	10×40時間	12×50時間	?

2．各補助部門の原価発生額は次のとおりである。

（単位：円）

仮設部門	車両部門	機械部門
?	1,200,000	1,440,000

③　建設仮勘定　　適切な科目に振り替えた上で、次の事項により減価償却費を計上する。
当期首に完成した本社事務所（取得原価 ¥36,000　　残存価額 ゼロ　耐用年数 24年
減価償却方法 定額法）

(5)　仮受金の期末残高は、次の内容であることが判明した。

①　¥9,000は前期に完成した工事の未収代金回収分である。

②　¥16,000は当期末において未着手の工事に係る前受金である。

(6)　売上債権の期末残高に対して1.2%の貸倒引当金を計上する（差額補充法）。

(7)　完成工事高に対して0.2%の完成工事補償引当金を計上する（差額補充法）。

(8)　退職給付引当金の当期繰入額は、本社事務員について¥3,200、現場作業員について¥8,400である。

(9)　上記の各調整を行った後の未成工事支出金の次期繰越額は¥102,100である。

(10)　当期の法人税、住民税及び事業税として、税引前当期純利益の30%を計上する。

(5)					

第2問　12点

(1) ¥

(2) ¥

(3) ¥

(4) ¥

	17,500,000	完成工事未収入金	15,500,000
	17,500,000		17,500,000

販売費及び一般管理費

××××	529,000		

支払利息

当座預金	21,000		

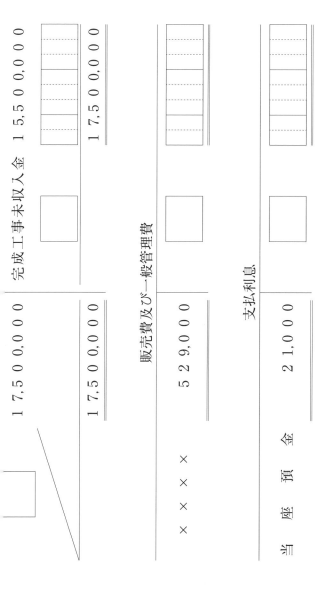

Ⅳ．経　　　費

（うち人件費　　　　　　）

完成工事原価

仮受金		25000						
完成工事補償引当金		33800						
退職給付引当金		182600						
資本金		1000000						
繰越利益剰余金		156090						
完成工事高		15200000						
完成工事原価	13429000							
販売費及び一般管理費	1449000							
受取利息配当金		25410						
支払利息	19600							
	16573400	16573400						
通信費								
雑損失								
備品減価償却費								
建物								
建物減価償却費								
建物減価償却累計額								
貸倒引当金戻入								
退職給付引当金繰入額								
未払法人税等								
法人税、住民税及び事業税								
当期（　　　）								

問題107

精算表

勘定科目	残高試算表		整理記入		損益計算書		貸借対照表	
	借方	貸方	借方	貸方	借方	貸方	借方	貸方
現金預金	58,980							
受取手形	25,200							
完成工事未収入金	34,800							
貸倒引当金		720						
有価証券	42,000							
未成工事支出金	15,120							
材料貯蔵品	7,020							
仮払金	7,200							
機械装置	36,000							
機械装置減価償却累計額		12,960						
備品	9,600							
備品減価償却累計額		3,240						
建設仮勘定	10,920							
支払手形		6,000						
工事未払金		10,320						
借入金		7,200						
未成工事受入金		7,800						
完成工事補償引当金		180						
退職給付引当金		18,000						
資本金		90,000						
利益準備金		3,000						
繰越利益剰余金		1,920						
完成工事高		420,000						
完成工事原価	246,300							
販売費及び一般管理費	62,400							
受取利息配当金		2,160						
受取手数料		8,700						
支払利息	36,660							
	592,200	592,200						
従業員立替金								
有価証券評価損								
前払保険料								
未払家賃								
当期純利益								

問題108

損益計算書

東京建設株式会社　　自△年4月1日　至×年3月31日　　(単位：円)

Ⅰ　完成工事高		(　　　)
Ⅱ　完成工事原価		(　　　)
完成工事総利益		(　　　)
Ⅲ　販売費及び一般管理費		
役員報酬	(　　　)	
従業員給料手当	(　　　)	
退職給付引当金繰入額	(　　　)	
法定福利費	(　　　)	
修繕維持費	(　　　)	
事務用品費	(　　　)	
通信交通費	(　　　)	
動力用水光熱費	(　　　)	
広告宣伝費	(　　　)	
貸倒引当金繰入額	(　　　)	
地代家賃	(　　　)	
減価償却費	(　　　)	
雑費	13,390	(　　　)
営　業　利　益		(　　　)
Ⅳ　営業外収益		
償却債権取立益	(　　　)	
受取利息配当金	(　　　)	(　　　)
Ⅴ　営業外費用		
支払利息	(　　　)	
有価証券評価損	(　　　)	(　　　)
経　常　利　益		(　　　)
Ⅵ　特別利益		
固定資産売却益		(　　　)
Ⅶ　特別損失		
固定資産売却損		6,500
税引前当期純利益		(　　　)
法人税、住民税及び事業税		(　　　)
当　期　純　利　益		(　　　)

完成工事原価報告書

東京建設株式会社　　自△年4月1日　至×年3月31日　　（単位：円）

Ⅰ　材　料　費	（　　　　）
Ⅱ　労　務　費	（　　　　）
Ⅲ　外　注　費	（　　　　）
Ⅳ　経　　　費	（　　　　）
［うち人件費（　　　　）］	
完成工事原価	（　　　　）

貸借対照表

東京建設株式会社　　×年3月31日　　（単位：円）

資産の部

Ⅰ　流動資産		
現金預金		（　　　　）
受取手形		（　　　　）
完成工事未収入金		（　　　　）
未成工事支出金		（　　　　）
材料貯蔵品		299,000
前払費用		1,950
未収収益		（　　　　）
貸倒引当金		（△　　　　）
流動資産合計		（　　　　）
Ⅱ　固定資産		
(1)有形固定資産		
建物	1,950,000	
減価償却累計額	△1,053,000	897,000
機械・運搬具	（　　　　）	
減価償却累計額	（△　　　　）	（　　　　）
土地		（　　　　）
有形固定資産合計		（　　　　）
(2)投資その他の資産		
投資有価証券		（　　　　）
投資その他の資産合計		（　　　　）
固定資産合計		（　　　　）
資産合計		（　　　　）

負債の部		
Ⅰ　流動負債		
支払手形		331,500
工事未払金		555,100
未払法人税等		(　　　)
未払費用		(　　　)
未成工事受入金		(　　　)
完成工事補償引当金		(　　　)
流動負債合計		(　　　)
Ⅱ　固定負債		
退職給付引当金		(　　　)
固定負債合計		(　　　)
負債合計		(　　　)
純資産の部		
Ⅰ　株主資本		
1　資本金		3,900,000
2　利益剰余金		
(1)利益準備金	325,000	
(2)その他利益剰余金		
繰越利益剰余金	(　　　)	(　　　)
純資産合計		(　　　)
負債・純資産合計		(　　　)

問題109

⑴各勘定から損益勘定に振り替える仕訳

借　方　科　目	金　　額	貸　方　科　目	金　　額

⑵損益勘定から繰越利益剰余金勘定に振り替える仕訳

借　方　科　目	金　　額	貸　方　科　目	金　　額

⑶損益勘定への記入

損　　益

〔　　　〕	（　　　）	〔　　　〕	（　　　）
〔　　　〕	（　　　）	〔　　　〕	（　　　）
〔　　　〕	（　　　）	〔　　　〕	（　　　）

問題111

		借方科目	金額	貸方科目	金額
(1)	本店				
	支店				
(2)	本店				
	支店				
(3)	本店				
	支店				
(4)	本店				
	支店				
(5)	本店				
	支店				

問題112

	未達側	借方科目	金額	貸方科目	金額
(1)					
(2)					
(3)					

問題113

(1)	円	(2)	円

問題 114

本支店合併精算表

(単位：円)

勘定科目	本店残高試算表		支店残高試算表		合併整理		損益計算書		貸借対照表	
	借方	貸方	借方	貸方	借方	貸方	借方	貸方	借方	貸方
現金預金	5,940		2,250							
完成工事未収入金	4,500		2,250							
未成工事支出金	5,400		3,300							
材料貯蔵品	1,920		1,170							
仮払法人税等	2,310									
機械装置	3,000		2,250							
備品	2,250		1,500							
建物	6,000									
支店	4,800									
工事未払金		2,775		2,250						
未成工事受入金		975		855						
貸倒引当金		90		45						
機械装置減価償却累計額		1,350		1,350						
備品減価償却累計額		810		540						
建物減価償却累計額		2,700								
本店				3,960						
資本金		7,500								
利益準備金		600								
別途積立金		300								
繰越利益剰余金		3,300								
完成工事高		45,000		21,000						
材料売上高		9,600								
完成工事原価	27,000		14,700							
材料売上原価	8,625									
販売費及び一般管理費	3,255		2,580							
	75,000	75,000	30,000	30,000						
内部利益控除										
法人税、住民税及び事業税										
未払法人税等										
当期純利益										

≪仕訳シート≫　必要に応じてコピーしてご利用ください。

問題番号	借方科目	金額	貸方科目	金額

≪仕訳シート≫　必要に応じてコピーしてご利用ください。

問題番号	借方科目	金額	貸方科目	金額

≪仕訳シート≫　必要に応じてコピーしてご利用ください。

問題番号	借方科目	金額	貸方科目	金額